生命存续的依托

生态环境

SHENGTAI HUANJING

鲍新华　张　戈　李方正◎编写

美好未来
丛书SERIES BOOKS

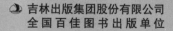吉林出版集团股份有限公司
全国百佳图书出版单位

图书在版编目（CIP）数据

生命存续的依托——生态环境 / 鲍新华，张戈，李方正
编写． —— 长春：吉林出版集团股份有限公司，2013.6（2023.5重印）
（美好未来丛书）
ISBN 978-7-5463-4929-9

Ⅰ．①生… Ⅱ．①鲍… ②张… ③李… Ⅲ．①生态环
境－青年读物②生态环境－少年读物 Ⅳ．①X171.1-49

中国版本图书馆CIP数据核字(2013)第123486号

生命存续的依托——生态环境
SHENGMING CUNXU DE YITUO SHENGTAI HUANJING

编　　写　鲍新华　张·戈　李方正
责任编辑　宋巧玲
封面设计　隋　超
开　　本　710mm×1000mm　　1/16
字　　数　105千
印　　张　8
版　　次　2013年 8月 第1版
印　　次　2023年 5月 第5次印刷

出　　版　吉林出版集团股份有限公司
发　　行　吉林出版集团股份有限公司
地　　址　长春市福祉大路5788号
　　　　　邮编：130000
电　　话　0431-81629968
邮　　箱　11915286@qq.com
印　　刷　三河市金兆印刷装订有限公司

书　　号　ISBN 978-7-5463-4929-9
定　　价　39.80元

前　言

　　环境是指围绕着某一事物（通常称其为主体）并对该事物产生某些影响的所有外界事物（通常称其为客体）。它既包括空气、土地、水、动物、植物等物质因素，也包括观念、行为准则、制度等非物质因素；既包括自然因素，也包括社会因素；既包括生命体形式，也包括非生命体形式。

　　地球环境便是包括人类生活和生物栖息繁衍的所有区域，它不仅为地球上的生命提供发展所需的资源与空间，还承受着人类肆意的改造与冲击。

　　环境中的各种自然资源（如矿产、森林、淡水等）不仅构成了赏心悦目的自然风景，而且是人类赖以生存、不可缺少的重要部分。空气、水、土壤并称为地球环境的三大生命要素，它们既是自然资源的基本组成，也是生命得以延续的基础。然而，随着科学技术及工业的飞速发展，人类向周围环境索取得越来越多，对环境产生的影响也越来越严重。人类对各种资源的大量掠夺和各种污染物的任意排放，无疑都对环境产生了众多不可逆的伤害。

　　人类活动对整个环境的影响是综合性的，而环境系统也从各个方面反作用于人类，其效应也是综合性的。正如恩格斯所说："我们不要过分陶醉于我们对自然界的胜利。对于每一次这样的胜利，自然界都报复了我们。"于是，各种环境问题相继产生。全球变暖导致的海平面上升，直接威胁着沿海的国家和地区；臭氧层的空洞，使皮肤病等疾病的发病率大大提高；对石油无节制的需求，在使环境质量受到严重考验的同时，不禁令我们担心子孙后辈是否还有能源可用；过度的捕鱼已超过了海洋的天然补给能力，很多鱼类的数量正在锐减，甚至到了灭绝的边缘，而其他动植物也正面临着同样的命运；越来越多的核废料在处理上遇到困难，由于其本身就具有可能泄漏的危险，所以无论将其运到哪里，都不可避免地给环境造成污染。厄尔尼诺现象的出现、土地荒漠化和盐渍化、大片森林绿地的消失、大量物种的灭绝等现象无一不警示人们，地球环境已经处于一种亚健康的状态。

放眼世界，自20世纪六七十年代以来，环境保护这个重大的社会问题已引起国际社会的广泛关注。1972年6月，来自113个国家的政府代表和民间人士，参加了联合国在斯德哥尔摩召开的人类环境会议，对世界环境及全球环境的保护策略等问题进行了研讨。同年10月，第27届联合国大会通过决议，将6月5日定为"世界环境日"。就中国而言，环境问题是中国人民21世纪面临的最严峻的挑战之一，保护环境势在必行。

本套书籍从大气环境、水环境、海洋环境、地球环境、地质环境、生态环境、生物环境、聚落环境及宇宙环境等方面，在分别介绍各环境的组成、特性以及特殊现象的同时，阐述其存在的环境问题，并针对个别问题提出解决策略与方案，意在揭示人与环境之间的密切关系，人与环境之间互动的连锁反应，警醒人类重视环境问题，呼吁人们保护我们赖以生存的环境，共创美好未来。

编者

2013年7月

目 录
MU LU

01 生态环境

生态是生物与环境之间和生物与生物之间的相互作用、相互联系。这里的生物可分为原核生物、原生生物、动物、真菌和植物五大类。影响生态的因素有生物因素和非生物因素。生物因素是指影响生物生长、发育、形态和分布的其他微生物、植物和动物的活动；非生物因素则包括空气、光、温度、水等。仅由非生物因素构成的整体并不能称之为生态环境，只可以称为自然环境。

▲ 森林环境

生态环境是指影响人类生存与发展的一切外界条件的总和，如水资源、土地资源、气候资源等，是关系经济和社会持续发展的复合生态系统。人类在其自身的生存和发展过程中，利用和改造自然而造成的自然环境的破坏和污染等危害人类生存的各种负反馈效应，统称为生态环境问题。

在地球环境现状的大趋势下，生态环境的现状当然也不容乐观。大气中温室气体含量的增加，致使全球气温升高，海平面上升，严重威胁低洼的岛屿和沿海地区。人们的不适当开发行为，使土地质量下降并逐渐退化、沙漠化。因发达国家广泛进口和发展中国家开荒、采伐等行为，森林面积大幅度减少，从而导致各种原生或次生灾害层出不穷。各种资源的过度开发利用导致的资源枯竭和各种污染已使如今的生态环境不堪重负。

① 反馈

反馈又称回馈，指将系统的输出返回到输入端，并以某种方式改变输入，进而影响系统功能的过程。反馈可分为正反馈和负反馈，前者使输出起到与输入相似的作用，后者使输出起到与输入相反的作用。对于负反馈的研究是目前人们关注的核心问题。

② 原核生物

原核生物是由原核细胞组成的生物，包括古细菌、蓝细菌、放线菌、细菌、螺旋体、立克次氏体、支原体和衣原体等。核质与细胞质之间无核膜，因而无成形的细胞核，不具备完全的细胞器官，主要通过二分裂方式繁殖。

③ 海平面

海平面是海的平均高度，指在某一时刻假设没有波浪、潮汐、海涌或其他扰动因素引起的海面波动，海洋所能保持的水平面。冰川的消融、海底地势构造的改变、大地水准面的变动都影响并控制着海平面的情况。

02 光生态

光生态是指环境中的光对生物的作用及生物对环境光照条件的适应。

太阳辐射是环境中光的主要来源。它投射到地球时，一部分被反射回去，一部分被大气吸收，而通过大气的部分被大气分子和大气中的尘埃、水汽等散射、吸收后，又被云层反射，所以太阳辐射的强度大大减弱，不会对地球上的生物产生危害，反而为地球带来光明和能量。太阳辐射中的一部分是人眼能够感知的，称为可见光。

生物通过形态结构、行为、生殖及生理等方面，展现其对光的适应性，并且适应的方式多种多样。陆地上的绿色植物可以利用光来进行光合作用，这些植物枝叶的合理分布和向上生长是植物对阳光的适应。动物对光的适应性表现在某些行为方面，如对光刺激的趋向或回避运动。生活在弱光环境中的动物，如猫头鹰和壁虎等夜间活动的动物，它们多数都具有大的眼睛，且对红外线非常敏感。这些在形态结构上的特征，也是动物对光的适应性的体现。

① 太阳辐射

太阳辐射是指太阳向宇宙发射的电磁波和粒子流（一种具有一定能量的、抽象的物质）。虽然地球所接受的太阳辐射能量仅为总辐射能的二十亿分之一，但地球大气运动的主要能源却来自于它。

② 反射

反射是声波、光波等遇到其他媒质分界面而部分仍在原物质中传播的现象。材料的反射本领叫作反射率，不同材料的表面具有不同的反射率，其数值多以百分数表示。同一材料对不同波长的光可有不同的反射率，这个现象称为选择反射。

③ 红外线

红外线近年来在军事、人造卫星以及工业、卫生、科研等方面的应用日益广泛，因此红外线污染问题也随之产生。红外线是一种热辐射，对人体可造成高温伤害。较强的红外线可造成皮肤伤害，其情况与烫伤相似。

▲ 太阳辐射是光的主要来源

03 光的生态作用（一）

光是植物进行光合作用的必要条件，也是影响、控制光合作用的主要因素。根据植物对光的强度的不同需求，可将植物分为阳生植物和阴生植物。阳生植物在太阳直射下生长，随光强度的增强光合作用的速率加快；阴生植物在弱光的环境中生长，那里的光以散射光为主，光线较弱。还有一种介于这两种植物之间的类型，即耐阴植物，它们在完全遮蔽至完全光照的范围内都能生长。

由于光的照射，植物往往表现出向光性。植物向着光照射的方向

▲ 向日葵具有向光性

生长，称为正向光性，例如向日葵会随着太阳光线的移动而改变生长方向。而向光线的反方向生长则称为负向光性，植物根的生长就具有负向光性。植物的向光运动有利于植物对光能的充分利用。对于某些高等植物的生长，光也有一定的抑制作用，其抑制程度随光强的增强而增大。

某些植物种子的萌发所必需的条件就是光的刺激，这一类种子称为需光种子，如烟草、莴苣、牛蒡等的种子。同时也存在另一种由于光照而萌发受抑制的种子，叫作需暗种子，如西瓜、鸡冠花、苋科植物等的种子。

① 散射

散射是指由于传播介质的不均匀性引起的光线向四周射去的现象。其原理是分子或原子相互靠近时，由于双方具有很强的相互斥力，它们在接触之前就偏离了原来的运动方向而分开。太阳辐射通过大气时遇到空气分子、云滴、尘粒等质点时，都会发生散射。

② 苋科植物

苋科植物大约有2400种，多为草本或灌木，稀有乔木或藤本，广泛分布在全世界，一般分布在亚热带和热带地区，但也有许多种分布在温带甚至寒温带地区。该科有许多属的植物可供药用，如牛膝属、青葙属、杯苋属、莲子草属和苋属等。

③ 太阳

太阳是太阳系的中心天体，是距离地球最近的恒星。太阳的直径大约是139.2万千米，相当于地球直径的109倍。在茫茫宇宙中，太阳只是一颗非常普通的恒星，因为它离地球最近，所以看上去是天空中最大最亮的天体。

04 光的生态作用（二）

　　光照虽然可以调节动物的生长、发育，但光能却不能直接被动物所利用，所以动物必须直接或间接地从植物中获取其生长、发育所需的能量。在自然界中，昆虫的形态变化、鸟类的发育和迁徙、哺乳动物的皮毛更换等，都受光照时间季节变化的影响。生物这种对光的周期性变化的各种反应，称为光周期现象。

　　光是决定生物在地球上分布的重要因子之一。在地球表面，太阳辐射的分布随纬度而改变。在高纬度地区，植物生长季节日照时间长，所以该区域生长的植物大部分是长日照植物。而在低纬度地区，其生长季节的日照时间短，所以这个区域的植物主要是短日照植物。就如在向阳坡，占优势的为阳生植物，而在阴湿沟谷阴生植物会很多一样。浮游于海洋中的藻类，也会依据水中光照条件而不断地改变它们垂直分布的位置。

　　光同样也密切影响着动物的活动与分布。许多动物白天活动，夜晚休息，也有一部分动物是夜间活动，白天休息，这都取决于动物对不同光照条件的喜好。有些生物在夜间为了个体间的信息联络，能发出各种频率的光，如萤火虫。

▲ 鸟类的迁徙受光照时间季节变化的影响

① 迁徙

迁徙在生物学上指的是鸟类的迁徙。鸟类的迁徙是对周期性变化的环境因素的一种适应性行为，往往是沿着一定的路线，结成一定的队形而前进。迁徙的距离从几千米到几万千米，长短不一。现在一般认为候鸟迁徙的主要原因是气候的季节性变化。

② 频率

频率是单位时间内完成振动的次数，是描述振动物体往复运动频繁程度的量。每个物体都有由它本身性质决定的与振幅无关的频率，叫作固有频率。频率概念不仅在声学中应用，在电磁学等技术中也常用。交变电流在单位时间内完成周期性变化的次数，就叫作电流的频率。

③ 萤火虫

萤火虫分布于热带、亚热带和温带地区，全世界约有2000种，大多于夏季的河边、池边、农田出现，活动范围一般不会离开水源。萤火虫夜间活动，卵、幼虫和蛹往往也能发光，成虫的发光有引诱异性的作用。幼虫捕食蜗牛和小昆虫，喜栖于潮湿温暖、草木繁盛的地方。

05 光学污染及防治

生活中我们所利用的光除自然光源外，还有人工光源。人工光源的发明为人类的生活带来了很大的便利，然而人们对光的过度追求与利用，往往偏离了光的最基本的使用价值，严重的甚至会造成环境污染。

国际天文界最早认为，光污染指城市室外照明使天空发亮造成对天文观测的负面的影响。如今一般认为，光污染泛指影响自然环境，对人类正常工作、生活、娱乐和休息带来不利影响，损害人们观察物

▲ 光学污染

体的能力，引起人体不舒适感和损害人体健康的各种光。

光污染在国际上一般分为三类：白亮污染，即阳光照射强烈时，城市建筑物的磨光大理石、玻璃幕墙和各种涂料等装饰反射光线引起的污染；人工白昼，即夜幕降临后，商场、酒店上的广告灯、霓虹灯闪烁夺目，使得夜晚如同白天一样；彩光污染，如舞厅、夜总会安装的黑光灯、旋转灯等彩色光源构成的污染。

为防治光污染对人体的侵害，应加强城市规划和管理，改善工厂照明条件等，以减少光污染的来源，对有红外线和紫外线污染的场所采取必要的安全防护措施，并采用个人防护措施，如戴防护眼镜和防护面罩等。

① 眩光污染

汽车夜间行驶时照明用的头灯，厂房中不合理的照明布置等都会造成眩光污染。某些工作场所，例如火车站、机场以及自动化企业的中央控制室，过多或过分复杂的信号灯系统也会造成工作人员视觉敏锐度的下降，从而影响工作效率。

② 激光污染

激光污染是光污染的一种特殊形式。由于激光具有方向性好、能量集中、颜色纯等特点，而且通过人眼晶状体的聚焦作用后，到达眼底时的光强度可增大几百至几万倍，所以对人眼有较大的伤害作用。

③ 霓虹灯

霓虹灯是城市的美容师，每当夜幕降临，华灯初上，五颜六色的霓虹灯就把城市装扮得格外美丽。霓虹灯具有效率高、温度低、耗能少、寿命长、制作灵活、色彩多样、动感强等特点，但它也是造成光学污染的元凶之一。

06 水生态

水生态是指环境中的水对生物的影响和生物对不同水分条件的适应。

水在生命过程中扮演着重要的角色，地球上的水循环也因生物的出现而产生了巨大的变化。生物体与环境之间不断地进行着水分的交换，环境所带来的不同水分条件决定着生物的种群组成、数量、分布以及生活的方式。农业、渔业、林业等领域与水资源明显存在着密切的关系，这些部门非常重视对水生态的研究。如今，随着人类生活与科技的发展，人类与环境的互动也越来越多，水生态受重视的领域也日益扩大。

地球上出现生命的两个重要条件就是液态水和太阳辐射。光合作用和呼吸这两大生命过程都离不开水。水是携带营养物质进出生物体的主要介质，并能调节生物体的温度，使生物体不会随外界温度的骤升或骤降而产生过大的反应、变化。

地球上的水在陆地上的分布极不均匀，且由于各地的气候条件不同，经常会引发不同的灾害。气温过高或过低以及水中所含矿物质浓度过高，都会造成干旱。而降雨量过大，且地形不利于排涝的地区，则会经常发生洪涝灾害。

① 种群

种群是指在一定时间内占据一定空间的同种生物的所有个体。种群是进化的基本单位，同一种群的所有生物共用一个基因库。种群中的个体并不是机械地集合在一起，而是彼此可以交配，并通过繁殖将各自的基因传给后代。

② 渔业

渔业是人类利用水域中生物的物质转化功能，通过捕捞、养殖和加工以取得水产品的社会产业部门。一般分为海洋渔业、淡水渔业。中国拥有1.8万多千米的海岸线、20万平方千米的淡水水域、1000多种经济价值较高的水产动植物，发展渔业前景广阔。

③ 降雨量

降雨量是从天空降落到地面上的雨水，未经蒸发、渗透、流失而在地面上积聚的水层深度。降雨量一般用雨量筒测定。把一个地方多年的年降雨量平均起来，就称为这个地方的"年平均降雨量"。

▲ 水循环

07 水的生态影响

无论是要保证细胞水平上的生化过程顺利地进行，还是保证生物体内整体物质循环的正常运转，生物体内都必须有足够的水分。如果细胞内缺水将会影响细胞的正常代谢，如果细胞外缺水就会影响整体的循环功能。水分的摄入量与排出量之比决定着生物体内的水分平衡。水分收支的波动会影响生物体的功能，这种影响的大小取决于生物体内水分的储存量，储存量较大的受影响较小，反之则较大。

▲ 植物通过庞大的根系吸收水分

生物最初是生活在水中的。植物和动物逐渐进化到陆地上来以后，所面临的首要问题是相对短缺的水分。低等植物多数只能生长在多水潮湿的地区，这样才能完成繁殖过程。而高等植物具有庞大、复杂的根系，能够从土壤中吸水，并向枝干输送水分，传粉机制出现后，受精过程便可以不用水来作为媒介。两栖动物的幼体仍生活于水中，很多昆虫的幼虫也仍栖息于水中。

动物可以通过行为来适应环境，这包括为减少失水而躲避日晒、寻找水源等。总之，植物水分生态和动物水分生态既具有共性，又各具特点。

① 代谢

代谢是生物体内所发生的用于维持生命的一系列有序的化学反应的总称。代谢可分为两类：分解代谢和合成代谢。这些反应进程使得生物体能够生长和繁殖、保持它们的结构及对外界环境做出反应。一旦生物体的代谢停止，生物体的结构和系统就会解体。

② 两栖动物

两栖动物是最原始的陆生脊椎动物，它既有可适应陆地生活的新性状，又有从鱼类祖先那里继承下来的适应水生生活的性状。最早的两栖动物是鱼石螈和棘鱼石螈。相较于完善的陆生动物，它们还未能很好地适应陆地生活。现代的两栖动物种类并不少，有4000多种，分布也比较广泛。

③ 繁殖

繁殖是生物为延续种族所进行的产生后代的生理过程，即生物产生新的个体的过程。已知的繁殖方法可分为两大类：无性繁殖与有性繁殖。无性繁殖的过程只牵涉一个个体，例如细菌用细胞分裂的方法进行无性繁殖。而有性繁殖则牵涉两个属于不同性别的个体，人类的繁殖就是一种有性繁殖。

08 水的生态作用（一）

区域降雨量的多少对于固着生长的植物影响很大，区域水分条件常是决定农作物产量的重要因素。植物细胞中的生命物质只有在水分饱和的状态下才能进行活动，如生长、代谢、发育等，当水分不足时，生命现象就会停滞。

各种植物对不同的水分环境所表现出的适应性具有遗传基础，是长期进化的结果。例如，沙漠中的旱生植物或湖泊中的沉水植物等长期处于相对稳定的水分条件下的植物，将具有高度的适应性结构，而经常处于季节性气候特性明显地区的植物，就会表现出适应所在地区气候特性的本领。这些适应性的改变可体现在生理上，也可体现在代谢或形态上。由于适应方式和适应幅度都是由遗传决定的，所以这种在个体生活史中产生的适应过程也具有遗传基础。

在水分条件异常的情况下，植物的结构或功能可能偏离正常状态，这种变化称为逆变。轻度的逆变可能在水分条件异常消失后恢复正常（逆变可逆性）。较严重的逆变可能在水分条件正常后仍无法复原，而只能通过修复来得到一定恢复（逆变修复）。

① 遗传

遗传是指经由基因的传递使后代获得亲代的特征。除了遗传之外，决定生物特征的因素还有环境以及环境与遗传的交互作用。目前，已知地球上现存的生命主要是以DNA作为遗传物质的。

▲ 水生植物

② 沙漠

沙漠是指地面完全被沙所覆盖、植物非常稀少、雨水稀少、空气干燥的荒芜地区。地球陆地的1/3是沙漠，沙漠地域大多是沙滩或沙丘，沙下岩石也经常出现，泥土很稀薄，植物也很少。有些沙漠是盐滩，完全没有草木。沙漠一般是风成地貌。

③ 沉水植物

沉水植物是植物体全部位于水层下面营固着生活的大型水生植物。这类植物的各部分都可吸收水分和养料，通气组织特别发达，有利于在水中缺乏空气的情况下进行气体交换，所以其根部有时并不发达或退化。沉水植物多生长于河川、湖泊等底部。

09 水的生态作用（二）

　　动物能够通过行动寻找水源并将水储存起来，还可以避开干热的环境，而且又不存在蒸腾作用而大量失水的问题，所以相对植物来说，动物对水的依赖并不是那么强。

　　水分会由浓度低的地方向浓度高的地方运动，所以生活在水中的动物会通过吸收或排除盐分来控制自身体液的浓度，以适应所处的水域环境。水中生活的大多数无脊椎动物的体液渗透势都可随环境水体而变，只是具体离子的浓度有所差异。其他水生动物，例如鱼类，其体液渗透势并不随环境而改变，不过它们仍必须具备可以调节体内盐分的功能。水体中一般的脊椎动物的体液盐分浓度大都可以达到海水的 $1/4 \sim 1/3$，只有盲鳗体液中的盐分高于海水，因而它的渗透势会略高于海水。

▲ 水母的体液渗透势可随环境水体而变

像蚯蚓和蛙类等具有湿润皮肤的动物，常生活在潮湿的环境中，当它们暴露于干燥的空气中时，皮肤就会迅速地失水。昆虫的外皮可防止蒸发失水，当它们无水可饮的时候，食物中所含的水分便是其主要水源，并且某些陆生昆虫甚至可以直接从空气中吸收水分。很多爬行动物栖居在干旱地区，它们的摄水和节水主要是靠行为来完成的。哺乳动物和鸟类因恒温调节而需要更多的水分供应。

① 蒸腾作用

蒸腾作用是水分从活的植物体（主要是叶子）表面以水蒸气状态散失到大气中的过程。与物理学的蒸发过程不同，它是一种复杂的生理过程。蒸腾作用不仅受外界环境条件的影响，而且还受植物本身的调节和控制。

② 渗透

当利用半透膜把两种不同浓度的溶液隔开时，浓度较低的溶液中的溶剂（如水）会自动地透过半透膜流向浓度较高的溶液，直到化学位平衡为止，这种现象就叫渗透。半透膜是一种有选择性的透膜，它只能透过特定的物质，而将其他物质阻隔在另一边。

③ 脊椎动物

脊椎动物是指有脊椎骨的动物，包括鱼类、两栖动物、爬行动物、鸟类和哺乳动物五大类。脊椎动物一般体形左右对称，全身分为头、躯干、尾三个部分，有比较完善的感觉器官、运动器官和高度分化的神经系统。

10 水资源枯竭

地球上的水储量虽然丰富，但大部分都是咸水，不能直接被人类所利用，只有大约2%的淡水才能供人类饮用，而这少数的淡水当中的绝大部分又以冰川或高山积雪的形态存在着，所以可使用的水资源少之又少。然而，随着社会、经济和科技的不断发展和人口的激增，人类对水的需求量不断加大，加之水体污染的不断加剧，水资源已处于短缺的状况。

根据联合国近几年的统计显示：全世界淡水消耗自20世纪以来增加了 6~7倍，比人口增长的速度高 2 倍。目前，世界上有80个国家约15亿人口面临淡水不足、用水紧张的局面，其中26个国家3亿多人口生活在严重缺水状态下，还将有一些国家加入到缺水行列。在严重缺水的非洲，人畜用水已极度紧张，连年的大旱更是夺走了成千上万人的生命。据有关人士预测，按目前的耗水状况发展下去，到2100年地球上所有的河水将被耗尽，到2300年地质圈内所有的水资源储量也将不复存在，而水源污染和水浪费更将加快水荒的来临。

没有水，一切生命将荡然无存。水的丰匮决定着环境的优劣，决定着人类的生死存亡，也决定着植被的繁茂和稀疏。生命之水，对于一切生物来说，都是无可替代的。如果有一天地球上没有水资源的话，那后果将是不堪设想的。

① 淡水

含盐量小于每升0.5克的水属于淡水。地球上淡水总量的68.7%都是以冰川的形态出现的，并且分布在难以利用的高山和南北极地区，还有部分埋藏于深层地下的淡水很难被开发、利用。人们通常饮用的都是淡水，并且对淡水资源的需求量愈来愈大，目前可被直接利用的是湖泊水、河床水和地下水。

▲ 水资源枯竭

② 联合国

联合国是一个由主权国家组成的国际组织，其成立的标志是《联合国宪章》在1945年10月24日于美国加州旧金山签订生效。联合国致力于促进各国在国际法、国际安全、经济发展、社会进步、人权及实现世界和平方面的合作。

③ 非洲

非洲的全称是阿非利加洲，意思是阳光灼热的地方，位于亚洲的西南面，仅次于亚洲，为世界第二大洲，面积约3020万平方千米（包括附近岛屿），南北长约8000千米，东西长约7403千米，约占世界陆地总面积的20.2%。

11 水体污染

▲ 水体污染

　　水体污染是一种由于污染物进入河流、海洋、湖泊或地下水等水体后，水体的水质和水体沉积物的物理性质、化学性质或生物群落组成发生变化，从而降低了水体的使用价值和使用功能的现象。

　　水体污染的原因有两类：一类是自然污染，例如雨水对各种矿石的溶解作用所产生的天然矿毒水，还有火山爆发或干旱地区的风蚀作用所产生的大量灰尘落入水体而引起的水污染等都属于自然污染；另一类是人为污染，就是人类生产、生活活动向水体排放大量的工业废水、生活污水和各种废弃物而造成的水质恶化。后者的影响是主要的、严重的。

水污染危害极大。污水中的致病微生物、病毒等可引起传染病的蔓延；水中的有毒物质可使人畜中毒，甚至死亡；严重的水污染可使鱼虾大量死亡，给渔业生产带来巨大损失；污水还会污染农作物和农田，使农业减产；水污染还会造成其他环境条件的下降，影响人们的游览和休养等。所以，应减少废水和污染物的排放量，妥善处理城市及工业废水并加强监督管理，以达到对水体污染的防治。

① 水质

水质就是水的质量，它标志着水体的物理（如色度、浊度、臭味等）、化学（无机物和有机物的含量）和生物（细菌、微生物、浮游生物、底栖生物）的特性及其组成的状况。为评价水体质量的状况，人们规定了一系列水质参数和水质标准。

② 病毒

病毒是一类个体微小、结构简单、只含单一核酸、必须在活细胞内寄生并以复制方式增殖的非细胞型微生物。病毒同所有生物一样，具有遗传、变异、进化的能力，并且具有高度的寄生性。

③ 火山爆发

火山爆发是一种奇特的地质现象，是地壳运动的一种表现形式，也是地球内部热能在地表的一种最强烈的显示。因岩浆性质、火山通道形状、地下岩浆库内压力等因素的影响，火山喷发的形式多种多样，一般可分为裂隙式喷发和中心式喷发。

12 土壤生态

　　土壤生态是土壤生物之间的相互关系以及土壤中的生物与土壤环境的相互关系。

　　土壤是由岩石风化而形成的矿物质、动植物和微生物残体腐解产生的有机质、土壤生物、水分、空气等组成的。土壤具有肥力，于是可以直接提供水和营养物质给植物，并能间接地供养以植物为食物链开端的动物。土壤中栖息着大量的小动物和微生物，它们将土壤中动植物的残骸弄碎、分解，并逐步还原为可供土壤中植物根系吸收利用的无机元素，这便是生物界的物质循环。

　　土壤中种类繁多的生物之间存在着复杂的联系，除组成各种不同的食物链之外，还存在各种颉颃或共生的关系。微生物间的颉颃关系，体现在一种微生物可分泌某种化学物质来抑制其他微生物的生长。展现共生关系最好的例子便是根瘤菌与豆科植物根系之间的互利共生。豆科植物为根瘤菌提供了必要的生存环境，而根瘤菌则可以固定空气中的氮，从而确保了豆科植物的氮营养元素的来源。还有一些植物的代谢产物可以趋避以它们为食的动物，这样便形成了生物之间的一种平衡状态。

① 风化

风化有多层含义，在化学方面，风化是指在室温和干燥空气里的结晶水合物失去结晶水的现象；在地质学里，风化是指使岩石发生破坏和改变的各种物理、化学和生物作用；在生活俗语当中，风化指隐晦的社会公德和旧习俗。

② 土壤肥力

土壤肥力是土壤为植物生长提供和协调营养条件和环境条件的能力。它是土壤各种基本性质的综合表现，是土壤作为自然资源和农业生产资料的物质基础，也是土壤区别于成土母质和其他自然体的最本质的特征。四大肥力因素有：养分、水分、空气、热量。

③ 根瘤菌

根瘤菌是与豆科植物共生，形成根瘤并固定空气中的氮供给植物营养的一类杆状细菌。虽然空气成分中约有80%的氮，但一般植物无法直接利用，如花生、大豆等豆科植物都是通过与根瘤菌的共生固氮作用，才可以把空气中的分子态氮转变为植物可以利用的铵态氮。

▲ 红土地

13 土壤生态的破坏

▲ 工矿废弃物占据了大量耕地

土壤中主要存在的是以分解过程为主的腐食性食物链，有机物的初级生产及捕食性食物链则大部分都是在地上进行并完成的，所以土壤及其中的生物严格来说并没有构成一个完备的生态系统。相对于草原生态系统、森林生态系统和农田生态系统等大系统来说，各地区的土壤只是相应系统的一部分，是一个亚系统。

随着经济、科技的飞速发展以及人口的激增，人类的各种探索和开发活动对土壤生态产生了很大的影响。人类的过度采伐，导致森林逐渐转化为草原或草甸。无论是森林还是草原，一旦被开垦为农田，土壤便失去了植被的保护而容易受到各种侵蚀，土壤肥力也会因为得不到及时、充足的养护而迅速下降。

自20世纪下半叶以来，农药污染与工矿废弃物对土壤造成了极大的危害。含有大量有毒物质的工矿废物，很难或根本无法被土壤中的微生物降解，通常会造成土壤污染致使生物死亡，而被污染的水与生物产品经加工、食用后，还会影响人畜的健康。不过，人类活动也有积极的一面。人类通过不断改善土壤肥力，使农作物产量不断提高的例子屡见不鲜，例如亚洲人民培育的水稻田在良好的管理下可以保持长期稳产高产。

① 草甸

草甸是一种生长在中度湿润条件下的多年生中生草本植被。它与草原的区别在于草原以旱生草本植物占优势，是半湿润和半干旱气候条件下的地带性植被，而草甸则一般属于非地带性植被，可以出现在不同植被带内。

② 侵蚀

侵蚀是指在风、浪等因素的作用下，岸滩等暴露在外边或与这些因素相接触的部分，表面物质逐渐剥落分离的过程。侵蚀作用是自然界的一种自然现象，可分为风化、磨蚀、溶解、浪蚀、腐蚀以及搬运作用。

③ 农作物

农作物指农业上栽培的各种植物，包括粮食作物（水稻、玉米等）、油料作物（大豆、芝麻等）、蔬菜作物（萝卜、白菜、韭菜等）、嗜好作物（烟草、咖啡等）、纤维作物（棉花、麻等）、药用作物（人参、当归、金银花等）等。

14 水土流失及防治

　　水土流失是指在水力、重力、风力等外营力作用下，水土资源和土地生产力的破坏和损失，包括土地表层侵蚀和水土损失，亦称水土损失。它是由于不利的自然因素和人类不合理的经济活动，地面上水和土离开原来的位置，流失到较低的地方，再经过坡面、沟壑，汇集到江河河道里去的现象。

　　毁林、毁草开荒和不适当的樵采、放牧，破坏了植被，加剧了水土流失。据中国人口资源环境报告，全国水土流失面积已达到360万平方千米，占全国土地面积的38%。全国耕地每年土壤流失量达到50亿吨，约占世界总流失量的1/5，相当于全国耕地被刮去1厘米厚的肥土层。损失的氮、磷、钾养分，相当于4000万吨化肥的养分含量。水土流失最为严重的地区属黄土高原，目前的流失面积达43万平方千米，每年由此被带入黄河的泥沙量高达16亿吨，致使黄河下游的河床年年淤高，黄河入海口的三角洲不断扩大。

　　治理与预防水土流失，关键是制定相关法规、保护易流失区的环境、纠正不合理的经济活动。同时，还要配合一系列治理措施，如压缩农业用地，扩大林草种植面积，改善天然草场的植被，复垦回填等。如今，应用阴离子聚丙烯酰胺防治水土流失已成为国际普遍采用的化学处理措施。

▲ 水土流失

① 土地生产力

　　土地生产力是指作为劳动对象的土地与劳动和劳动工具在不同结合方式、方法下所形成的生产能力和生产效果，是鉴别土地质量的重要依据。即一般组成土地资源的气候生产潜力和地形、土壤、水文等组成的土壤生产潜力二者形成的土地资源生产潜力。

② 地质营力

　　地质营力是指引起地质作用的自然力。地质作用可分为物理作用、化学作用和生物作用。它们既可以发生于地表，也可以发生于地球内部。地球的地表现状是地质作用对地球表面长期改造的结果。

③ 河床

　　河床是谷底部分河水经常流动的地方。河床按形态可分为顺直型河床、弯曲型河床、汊河型河床、游荡型河床。河床由于受侧向侵蚀作用而弯曲，所以经常改变河道位置而形成新的河道。

15 土地荒漠化及防治

荒漠化又称沙漠化，是指处于干旱和半干旱气候的原来非沙漠地区，由于自然因素和人类活动的影响，生态环境破坏，致使其出现类似沙漠环境的变化过程。

土地荒漠化是自然地理、气候条件和人类活动等多种因素造成的。但是天然作用形成的荒漠化一般演变过程非常缓慢，例如气候干旱往往需要几百年乃至数千年。而不合理的人类活动才是荒漠化发生发展的重要因素，如人类过度垦殖、过度放牧、破坏植被等可在短期内导致荒漠化产生。

土地的荒漠化加速了环境的恶化，严重威胁着动植物甚至人类

▲ 土地荒漠化

的生存环境。荒漠化造成的严重后果及其不断扩张的趋势，如今已引起了国际社会的极大关注，在1992年联合国环境与发展大会上，把防治沙漠化列为国际上优先采取行动的领域。于是，防治土地荒漠化的对策与建议相继出现。专家提出，应调节农林牧渔的关系，合理利用水资源，采取综合措施多途径解决当地能源问题，并利用生物和工程措施构筑防护林体系，控制人口增长，推进土壤保护制度与法规的颁布，退耕还林还草。然而，与众多防治措施相比，加强对荒漠化的认识则最为重要，毕竟预防永远比治理来得容易。

① 气候

气候是长时间内气象要素和天气现象的平均或统计状态，时间尺度为月、季、年、数年到数百年以上。气候的形成主要是由热量的变化而引起的。气候以冷、暖、干、湿等特征来衡量，通常由某一时期的平均值和离差值表征。

② 放牧

放牧是家畜饲养方式之一，是使人工管护下的草食动物在草原上采食牧草并将其转化成畜产品的一种饲养方式，也是最经济、最适应家畜生理学和生物学特性的一种草原利用方式。适度的放牧不仅有益于家畜成长，还有益于牧草生长。

③ 中国荒漠化状况

中国是一个土地荒漠化严重的国家，根据中国国家林业局于2006年6月17日公布的数据显示，中国荒漠化土地达到173.97万平方千米，占国土面积的18%以上，影响全国30个一级行政区，并且沙化土地面积每年正以60平方千米的速度增长。

16 生物扮演的角色

生态系统由生物部分和非生物环境组成，其中生物部分是指生产者、消费者和分解者。

生产者主要是绿色植物，也包括单细胞的藻类和能把无机物转化为有机物的一些细菌。绿色植物的叶片中含有叶绿素，能进行光合作用，利用太阳能将二氧化碳和水转化成葡萄糖，再由葡萄糖和其他养分组成其他有机物，以供自身及其他生物的营养，并在生态系统中为其他一切生物提供赖以生存的食物。

消费者是指以生产者生产的有机物为食物的各种动物。它们是异养动物，按食性的不同，可分为草食动物和肉食动物。草食动物是以植物为直接食物的动物，如牛、马、羊、食草昆虫和大量啮齿类动物，它们是初级消费者。肉食动物是以动物为主食的动物。其中，以草食动物为食物的动物称为二级消费者，如青蛙、鸟类等；以肉食动物为食物的动物称为三级消费者，如狼、狐狸等；虎、狮子等猛兽以三级消费者为食，称为四级消费者。有些动物食性并无固定，如某些鸟，它们既吃昆虫又吃粮食，属杂食动物。我们人类也属于杂食动物。

分解者主要是指细菌、真菌等微生物和某些原生动物，如土壤线虫、鞭毛虫等，它们是生态系统的"清洁工"。它们将组成动植物残体的复杂有机物分解为简单有机物，归还给非生物环境，以供植物再次利用。如果没有分解者，死亡的有机体就会堆积如山，营养物质就不能在生物与非生物之间循环。因而分解者是生态系统中不可缺少的部分。

① 细胞

细胞是生命活动的基本单位，可分为原核细胞和真核细胞。一般来说，绝大部分微生物（如细菌等）以及原生动物由一个细胞组成，即单细胞生物；高等动物与高等植物则是多细胞生物。世界上现存最大的细胞为鸵鸟的卵。

② 藻类

藻类是原生生物界一类真核生物，体型大小各异，小至1微米的单细胞的鞭毛藻，大至60米的大型褐藻，主要是水生，无维管束，能进行光合作用。藻类植物并不是一个纯一的类群，各分类系统对它的分门也不尽一致，一般分为蓝藻门、金藻门、眼虫藻门、甲藻门、褐藻门、绿藻门、红藻门等。

③ 叶绿素

叶绿素是一类与光合作用有关的最重要的色素。叶绿素从光中吸收能量，然后能量被用来将二氧化碳转变为碳水化合物。它实际上存在于所有能进行光合作用的生物体内，包括绿色植物、原核的蓝绿藻和真核的藻类。

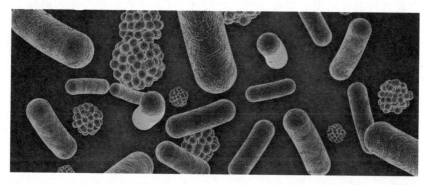

▲ 细菌是生态系统中的分解者

17 神奇的食物链（一）

▲ 螳螂捕蝉

在生态系统中，一种生物以另一种生物为食，彼此形成一个以食物连接起来的锁链关系，叫作食物链。中国有句谚语："大鱼吃小鱼，小鱼吃虾米，虾米吃泥巴"，很好地描述了池塘生态系统中生物吃与被吃的关系及其形成的食物链。成语"螳螂捕蝉，黄雀在后"，也反映了丛林生态系统内动物世界的弱肉强食现象。在自然界的生存斗争中，一切动植物彼此间都存在着吃与被吃的复杂关系，并由此形成各种复杂的食物链。

从植物和动物最初出现到今天，这种提供食物和取得食物的锁链关系基本没有改变，营养物质通过食物链在不同的生物之间流动。在草原上，蝗虫吃植物，青蛙吃蝗虫，蛇吃青蛙，老鹰吃蛇，这就是食物链的典型例子。

捕食性食物链既可存在于水域中，也可存在于陆地环境中。生物之间以捕食的关系构成食物联系，以植物为基础，由植物到小动物，再到大动物，后者捕食前者。如藻类→甲壳类→鲦→青鲈、青草→蝗虫→蛙→蛇→鹰就属于这种类型。

① 蝗虫

蝗虫是蝗科直翅目昆虫，数量极多，生命力顽强，能栖息在各种场所，大多数是损害作物的重要害虫。全世界蝗虫种类超过1万种，分布于热带、温带的草地和沙漠地区，在严重干旱时可能会大量爆发，对自然界和人类造成灾害。

② 草原

草原是具有多种功能的自然综合体，属于土地类型的一种，分为热带草原、温带草原等多种类型。草原是世界所有植被类型中分布最广的。草本和木本的饲用植物大多生长在草原上。

③ 甲壳类

甲壳类是指甲壳动物，因身体外披有"盔甲"而得名。世界上的甲壳动物种类很多，大约有2.6万种，大多数生活在海洋里，少数栖息在淡水中和陆地上。虾、蟹等甲壳动物营养丰富，味道鲜美，具有很高的经济价值。但在甲壳动物中，也有一些种类是有害的，如藤壶等。

18 神奇的食物链（二）

食物链还包括寄生性食物链、腐食性食物链、碎食性食物链。

寄生性食物链是生物间以寄生物与宿主的关系而构成食物联系，以大动物为基础，小动物寄生在大动物身上。如跳蚤寄生在动物身体上，跳蚤体内有原生动物寄生，原生动物又成为细菌的宿主，而细菌上又可能寄生病毒，概括起来就是大动物→跳蚤→原生动物→细菌→过滤性病毒。

腐食性食物链也称分解链，动植物死亡后，其尸体腐烂，被土壤或水中的微生物分解利用。森林中的动物尸体和枯枝落叶为微生物所利用而构成的食物链就是植物残体→蚯蚓→线虫类→节肢动物。

碎食性食物链以碎食物为基础。所谓碎食物，是高等植物叶子的碎片经过细菌和真菌的作用，再加入微小的藻类组成的。碎食物被小动物、大动物相继利用而形成的食物链，就是碎食性食物链。如碎食物→食肉性小动物→食肉性大动物、树叶碎屑及小的藻类→虾→鱼→食鱼的鸟类均属于此类。

食物链对环境有着十分重要的影响。有害人体健康和生物生存的毒物会通过食物链扩散开来，增大危害范围。生物还可以在食物链上通过生物放大作用，浓缩有毒物质，达到致死剂量，危害人类。因此，研究有毒物质在食物链中的迁移转化规律，对防止有毒物质扩散、减轻环境污染有十分重要的意义。

▲ 寄生动物苍蝇

① 细菌

从广义上讲，细菌是指一大类细胞核无核膜包裹，只存在称作拟核区（或拟核）的裸露DNA的原始单细胞生物。狭义上来说，细菌是一类形状细短、结构简单、多以二分裂方式进行繁殖的原核生物。细菌主要由细胞膜、细胞质、核质体等部分构成。

② 原生动物

原生动物是动物界中最低等的一类真核单细胞动物，个体由单个细胞组成。原生动物形体微小，最小的只有2～3微米，一般在10～200微米之间，除海洋有孔虫个别种类可达10厘米外，最大的约2毫米。原生动物一般以有性和无性两种世代相互交替的方法进行繁殖。

③ 微生物

微生物是一切肉眼看不见或看不清的微小生物，结构简单，通常要用光学显微镜或电子显微镜才能看清楚，包括病毒、细菌、丝状真菌、酵母菌等。微生物有五大特点：体积小，面积大；吸收多，转化快；生长旺，繁殖快；适应强，易变异；分布广，种类多。

19 营养级

▲ 绿色植物是一切生物的食物基础

食物链有长有短，有简单也有复杂。最简单的食物链仅由两个或三个环节组成，如狐狸吃兔子，兔子吃草等。而复杂的食物链环节较多，如人吃金枪鱼，金枪鱼吃鲭鱼，鲭鱼吃鲱鱼，鲱鱼吃甲壳动物，甲壳动物吃藻类，这就形成了长达六个环节的复杂食物链。食物链上的每一个环节称为一个营养级。

在食物链中，任何一种生物都属于一定的营养级。绿色植物吸收太阳能制造养料，供自身及其他生物利用，所以绿色植物是一切生物的食物基础，位于食物链的开端，是第一营养级；草食动物（如蝗虫）等吃草，是一级消费者，属于第二营养级；青蛙吃蝗虫，青蛙是二级消费者，占据第三营养级；蛇吃青蛙，蛇是三级消费者，占据第四营养级；鹰吃蛇，鹰为四级消费者，占据第五营养级。由此可见，在生态系统内，通过食物，能量由植物到草食动物再到肉食动物，有次序地一步步流动，每一步就是一个营养级，因此，食物链也称营养链。最后，分解者在分解动植物尸体的过程中，又把尸体中储存的能量释放到环境中，这就是生态系统中能量的逐级流动过程。

① 太阳能

太阳能是指太阳以电磁辐射形式向宇宙空间发射的能量。太阳内部高温核聚变反应所释放的辐射能，其中约二十亿分之一到达地球大气层，是地球上光和热的源泉。人类自古就懂得利用太阳能，如制盐和晒咸鱼等。太阳能是一种新兴的可再生环保能源。

② 金枪鱼

金枪鱼又叫鲔鱼，是一种大型远洋性重要商品食用鱼，与鲭、鲐、马鲛等近缘，通常同隶鲭科。金枪鱼分布在印度洋、太平洋中部与大西洋中部，属于热带及亚热带大洋性鱼。金枪鱼的肉为红色，这是因为它的肌肉中含有大量的肌红蛋白。

③ 鲭鱼

鲭鱼是一种很常见的可食用鱼，出没于西太平洋及大西洋的海岸附近，喜群居。鲭鱼体粗壮，微扁，呈纺锤形，一般体长20～40厘米，体重150～400克。此种鱼分布广、生长快、产量高，为中国重要的中上层经济鱼类之一。

20 弱肉强食的环境

▲ 自然界弱肉强食的现象

在生态系统中，生物在取食关系上是十分复杂的。同一种植物会被不同的动物吃掉，同一种动物也不只吃一种食物，如老鼠可以吃玉米、高粱等，同时，它又是猫、蛇等几种肉食动物的食用对象。各生物在取食关系上的这种错综复杂的关系，使各个食物链之间的关系都不是一种简单的直线关系，而是相互联系、相互交叉，形成了一个纵横交错的网络。人们把这种食物链网络称为食物网。

食物网是生态系统的重要结构，它是生态系统长期发展形成的。

生物种类越多，食物网也越复杂，生态系统也越稳定。反之，如果一个食物网很简单，一旦其中某些成分发生变化，就可能使种群发生较大的波动，甚至使系统中某些物种灭绝。如位于低纬度的热带雨林系统，由于物种成分复杂，通常都很稳定。假设其中的某种蛇以鼠为生，一旦这里的鼠类减少，蛇可以改变取食习惯以吃蛙类生存。也就是说蛙类起到了一种补偿作用，使蛇在鼠类减少时不会因食物不足而数量急剧下降，从而使生态系统保持了稳定。相反，若在一个荒岛上，只生活着草、鹿、狼，鹿一旦消失，那么狼就只能饿死了。若是狼先灭绝，鹿的数量则会急剧增加，草就会遭到过度啃食，从而使鹿群因食物不足而大批死亡，生态系统因此而遭到破坏。

① 纬度

表征纬线在地球上方位的量便是纬度（指某点与地球球心的连线和地球赤道面所成的线面角），其数值在0°～90°之间。赤道以北的点的纬度称北纬，以南的点的纬度称南纬。

② 热带雨林

热带雨林是地球上一种常见于北纬10°与南纬10°之间热带地区的生物群系，主要分布于东南亚、南美洲亚马孙河流域、澳大利亚、非洲刚果河流域、中美洲、墨西哥和众多太平洋岛屿。热带雨林地区长年气候炎热，雨水充足，拥有丰富的动植物资源。

③ 高粱

高粱是一种农作物，性喜温暖，抗旱，耐涝，按其性状及用途可分为食用高粱、糖用高粱、帚用高粱等。高粱在中国栽培较广，以东北各地最多。食用高粱谷粒供食用、酿酒；糖用高粱的秆可制糖浆或生食；帚用高粱的穗可制笤帚或炊帚。

21 生物能量金字塔

当我们投身大自然的时候，常常会看到鸟儿在空中飞，牛羊在地上跑，鱼儿在水里游。这些生物的活动，它们的能量是从哪里来的呢？科学告诉我们，这些能量来自太阳，是光芒四射的太阳时刻不停地向地面辐射着巨大的能量。据分析，进入大气层的太阳能只有1%左右被绿色植物所利用。绿色植物通过光合作用把太阳能转变成有机分子中的化学能。当草食动物吃植物时，这种能量就转移到草食动物身体中，当食肉动物吃草食动物时，能量又转移到食肉动物的身体中，最后腐生生物将动植物残体分解，能量又归还到环境中。

不过，太阳能沿着食物链、食物网在生态系统流动的过程中，能量在生物之间的转移并非是百分之百的。比如绿色植物所获得的能量不可能全部被草食动物利用，因为绿色植物的根系、茎秆、果壳及枯枝落叶等部分组织往往不能被草食动物所采食，即使已被草食动物采食的部分还有不能被消化而作为粪便排出体外的。由于上述原因，草食动物所利用的能量一般仅为绿色植物所含总能量的1/10左右。同样的道理，肉食动物所利用的能量一般为草食动物总能量的1/10左右。可见，能量在生态系统中的流动是越来越少，所能供养的动物数量也应该越来越少。

① 腐生生物

腐生生物是以吸取动植物腐体中的营养成分为生的生物。能将有机物分解为无机物进入无机环境的腐生生物属于分解者，例如蘑菇、金针菇、木耳、银耳等真菌。腐生生物还包括乳酸菌、蛆、秃鹫、蚯蚓等。

② 辐射

辐射指的是能量以电磁波或粒子的形式向外扩散的一种状态。一般依能量的高低及电离物质的能力可分为电离辐射和非电离辐射。辐射的能量从辐射源向外所有方向都是直线放射。

③ 光合作用

光合作用，即光能合成作用，是生物界赖以生存的基础，是植物、藻类和某些细菌在可见光的照射下，经过光反应和碳反应，利用光合色素，将二氧化碳（或硫化氢）和水转化为有机物，并释放出氧气（或氢气）的生化过程。

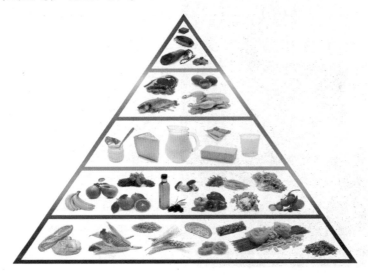

▲ 生物能量金字塔

22 十分之一定律

一般说来，能量沿着绿色植物→草食动物→一级肉食动物→二级肉食动物逐级流动，下一级生物所获得的能量大体等于上一级生物所含能量的1/10。关于这种数量关系，人们称为"十分之一定律"。这个定律是由美国耶鲁大学的生态学家林德曼于1942年创立的，因此也叫林德曼效率。通俗地说，一个人若靠吃水产品增加1千克体重的话，按林德曼效率，就得吃10千克鱼，而10千克鱼就要以100千克浮游动物为食，而100千克浮游动物要消耗1000千克浮游植物才行。

▲ 草食动物羚羊

十分有趣的是，如果把食物链和食物网中各级生物的生物量、能量和个体数量按营养级顺序排列起来，绘制成图，竟与埃及金字塔的形状非常相似。为此，人们又把十分之一定律称作"能量金字塔定律"。

能量金字塔定律告诉人们，能量在生态系统流动中存在着严格的数量关系，因此生态系统营养级的有机体之间，必须保持一定的数量关系才能保持生态平衡。

　　人类既吃植物又吃动物，而且吃起来非常讲究，挑挑拣拣，显然居于能量金字塔的最顶端，按理个体数量不宜过大。然而世界人口仍在快速增长，继续下去，其他动植物将无法供养人类，那么人类也就无法在地球上生存了。另外，人类几乎能从每一个营养级中摄取食物，如果食物链受污染，都会危及人类生存，因此必须防止环境污染。

① 生态

　　生态一词源于古希腊语，意思是指家或者我们的环境，现在通常指生物（原核生物、原生生物、动物、真菌、植物五大类）的生活状态，生物之间和生物与环境之间的相互联系、相互作用，生物的生理特性和生活习性。

② 金字塔

　　金字塔在建筑学上来说，就是指角锥体建筑物。一般的金字塔基座为正三角形或正方形，也可能是其他的正多边形，侧面由多个三角形或梯形的面相接而成，顶部面积非常小，甚至呈尖顶状，像一个"金"字。著名的金字塔有埃及金字塔和玛雅金字塔等。

③ 埃及

　　埃及全称阿拉伯埃及共和国，大部分位于非洲东北部，只有苏伊士运河以东的西奈半岛位于亚洲西南角，北濒地中海，东临红海，地处亚、非、欧三洲交通要冲，海岸线长约2700千米。埃及是人类文明的发源地之一，具有丰富的旅游资源，文化古迹众多。

23 生态平衡（一）

每一个生态系统总是在时刻不停地进行能量交换和物质循环，因此任何生态系统的各种因素或成分之间都是运动的。但是，在一定时间和相对稳定的条件下，生态系统本身也总是趋向稳定。也就是说，该系统中的生产者（绿色植物）、消费者（动物）和分解者（微生物）之间，物质和能量的输入和输出之间，存在着相对稳定的状态。当生态系统中的能量流动和物质循环过程，较长时间地而不是暂时地保持平衡状态时，这种状态就叫生态平衡。

例如，在一片处于稳定状态的原始森林系统中，有草、树木等植物，也有兔子、鹿等草食动物，还有狼、虎之类的食肉动物。这里植物是初级生产者，它吸收土壤中的水分和养料，又由叶绿素吸收阳光和空气中的二氧化碳，把太阳能转化成化学能储存起来。草食动物鹿、兔子等是第一消费者，以吃植物为生。食肉动物虎、狼等是第二消费者，以吃兔子、鹿等草食动物为生。动植物死后，其残骸被微生物分解，又成为植物的养分。植物、动物、微生物和它们的生存环境互相依存、互相制约，共同组成稳定的生态系统。

 ① 土壤

土壤是指覆盖于地球陆地表面、具有肥力特征的、能够生长绿色植物的疏松物质层。它是由岩石风化而成的矿物质、动植物和微生物残体腐解产生的有机质、土壤生物、水、空气等组成的。

▲ 狼是二级消费者

② 二氧化碳

二氧化碳是空气中常见的化合物，约占空气总体积的0.039%。其常温下是一种无色、无味的气体，密度比空气略大，能溶于水形成碳酸。固态二氧化碳俗称干冰，常用来制造舞台的烟雾效果。二氧化碳过度排放被认为是造成温室效应的主要原因。

③ 原始森林

原始森林是指天然形成的、未遭到人类破坏的完整生物圈。它是地球上最重要的生态系统之一，是陆地生态系统的核心。原始森林是一个综合的生态系统，包括动植物间的食物链关系，其中某一物种的减少可以影响其他物种的生存，这种情况在热带雨林中体现得更为突出。

24 生态平衡（二）

　　生态系统的稳定性是与系统内生物的多样性和复杂性相联系的。一般来说，生态系统的初级阶段，生物种类少，结构简单，食物链短，对外界干扰的反应敏感，抵御干扰的能力很弱，生态比较脆弱且不稳定。经过长时间的演化，无数代的生生死死，不断更新，不断调整，生态系统进入成熟阶段，生物形成相互适应、相互协调的种类和数量，食物链长，结构复杂，功能效率高，对外界的干扰具有较强的抵御能力，生态趋于相对稳定。这时，即使某一环节或生态系统发生演变和伤害，生态系统也可通过自身的调整而保持稳定。例如，昆虫数量剧增，树木就会受到危害，但当昆虫数量增加时，食虫的鸟因食

▲ 海洋生态系统

物丰富，其数量和种类也会随之增加。吃昆虫的鸟多了，昆虫又会减少，树木于是恢复生长，鸟类也会随之减少，生态系统又恢复到原来的状态。

生态系统中的物质要保持平衡，其中的所有物质都必须循环利用。以海洋生态系统为例，鱼类排泄有机废物，而这些有机物又被细菌转化为无机物，无机物为海藻提供了营养物质，使海藻生长发育，而海藻又为鱼类所食。这样，废物被清除了，海洋保持了清洁，同时又为下一个循环提供了原料，这就保持了生态系统的平衡。

① 昆虫

昆虫属于无脊椎动物节肢动物门昆虫纲，所有生物中种类及数量最多的一群，是世界上最繁盛的动物，已发现100多万种。昆虫在生物圈中扮演着很重要的角色，它们可以传播花粉，但也有一些昆虫能够借毒液或是叮咬对人类造成伤害，还是疾病的传播者。

② 海洋

海洋是地球表面被陆地分割但彼此相通的广大水域，其总面积约为3.6亿平方千米，大概占地球表面积的71%，故常常有人将地球称作"水球"。海洋中水的体积约为13.5亿立方千米，占地球上总水量的97%。到目前为止，人类已探索的海洋仅占5%。

③ 富营养化物质

富营养化物质是指促使水中植物生长从而加速水体富营养化的各种物质，主要是指氮、磷等。从农作物生长角度看，它们是宝贵的物质。但过多的营养物质进入天然水体中反而会恶化水体质量，造成水体污染，形成水华，危害渔业生产。

25 生态平衡的破坏

生态系统之所以能够保持动态平衡，主要是由于其内部具有自我维持、自动调节的能力。从环境保护的角度来说，自动调节能力就是环境的自净能力。当生态系统的某一部分出现功能异常时，就可能被其他部分调节并恢复。生态系统的组成成分越多样，所构成的食物链、食物网就越复杂，因此能量的流动和物质的循环可以通过多渠道进行，如果某一渠道受阻，其他渠道可以起代替作用，所以其调节能力也强。但是，一个生态系统的调节能力再强，也是有一定限度的，超出这个限度，调节就不再起作用，生态平衡就会遭到破坏，从而使人类和生物受到损害。

生态平衡的破坏，首先是自然原因。

自然原因主要指自然界发生的异常变化或自然界本来就存在的有害因素，如火山爆发、地震、海啸、泥石流、流行病等自然灾害。1815年印度尼西亚塔姆波拉火山爆发，大量的火山灰遮蔽天空，使新英格兰6月份出现暴风雪，过早出现霜冻，农作物全无收成，而欧洲更是出现了史无前例的奇寒。可见，自然因素可以在很短的时间内使生态系统遭到破坏，甚至毁灭。但是，自然因素导致生态平衡破坏的事例出现频率不高，在地域上也具有一定的局限性。

▲ 泥石流会破坏生态平衡

① 环境自净能力

环境自净能力是环境的一种特殊能力。顾名思义，它是指环境受到污染后，通过一些自然过程或在生物的参与下恢复原来状态的一种能力。通常环境可以通过大气和水流的扩散、氧化以及微生物的分解作用来达到自净的效果。

② 泥石流

泥石流是指在山区或者其他沟谷深壑、地形险峻的地区，因为暴雨、暴雪或其他自然灾害而引发的山体滑坡并携带有大量泥沙以及石块的特殊洪流。泥石流的主要危害是冲毁城镇、企事业单位、矿山、工厂、乡村，造成人畜伤亡，破坏房屋及其他工程设施，破坏农作物、林木及耕地。

③ 海啸

海啸是由风暴或海底地震造成的海面恶浪并伴随巨响的现象，它是一种具有强大破坏力的海浪。海啸的波长比海洋的最大深度还要大，在海底附近传播不受阻滞。海底50千米以下出现垂直断层，里氏震级大于6.5级的条件下，最易引发破坏性海啸。

26 人类破坏生态平衡

▲ 人类的乱砍滥伐导致生态环境破坏

　　随着科学、经济的迅速发展，人口的急剧膨胀，对于生态平衡的破坏，人为因素逐渐突出。

　　人为因素主要是指人类对自然资源的不合理利用以及工农业生产发展带来的环境问题，包括毁坏植被，引进或消灭某一生物种群，建造某些大型工程以及现代工农业生产过程中排出的某些有毒物质等。这些人为因素都能破坏生态系统的结构和功能，引起生态失调，使生态环境质量下降，甚至造成生态危机。如1956年非洲蜜蜂被引入巴西后，与当地人工培育的蜜蜂交配，产生的杂种蜜蜂具有极强的侵袭力。这种蜂在南美森林中因无竞争者而迅速繁殖。目前，南美已有几百人被这种蜜蜂蜇伤而中毒死去，数以千计的家禽和牲畜遭难而亡。再如水体污染导致水体的富营养化，使藻类大量繁殖。藻类的大量出现，又会使水中溶解氧大量消耗，水中的鱼类等动物就会因缺氧而死亡。

人为因素对生态平衡的影响比自然因素更为重要，是造成生态平衡失调的主要因素，但人为因素是可控制的。因此，研究各种人为因素对生态平衡的影响，对于保护生态环境具有重要作用。

① 植被

植被就是覆盖地表的植物群落的总称。根据植被生长环境的不同可将其分为草原植被、高山植被、海岛植被等。受光照、雨量和温度等环境因素的影响，不同的地区会形成不同的植被。植被有净化空气、涵养水源、保持水土等作用。

② 水体污染

水体污染是一种由于污染物进入河流、海洋、湖泊或地下水等水体后，水体的水质和水体沉积物的物理性质、化学性质或生物群落组成发生变化，从而降低了水体的使用价值和使用功能的现象。

③ 水体富营养化

水体富营养化在海洋中出现叫作赤潮，在湖泊、河流中出现叫作水华，是指由于人类活动的影响，磷、氮等营养物质大量进入河口、湖泊、海湾等缓流水体，引起藻类及其他浮游生物迅速繁殖，水质恶化，水体溶解氧量下降，鱼类及其他生物大量死亡的现象。

27 生态系统

▲ 果园属于人工生态系统

生物在自然界中并不是孤立的，它们总是结合成生物群落而生存着。这些生物群落在一定范围和区域内相互依存，同时与各自的环境相互作用，不断地进行着物质和能量的交换。这种生物群落与周围环境组成的综合体就叫作生态系统。

生态系统的范围有大有小。地球上有无数大大小小的生态系统，大到整个生物圈、整个大陆、整个海洋，小到一块草地、一片池塘，甚至一滴水，都可以看作一个生态系统。我们常常见到的池塘、河流、海洋、草原、森林、沙漠等都是典型的自然生态系统；农田、果园、工厂、矿山等是人类创造的生态系统，即人工生态系统。这许多自然和人工的生态系统构成了一个统一的整体，就是人类赖以生存的自然环境——生物圈，它是自然界最大的生态系统。

任何一个生态系统，无论是简单还是复杂，都是由生产者、消费者、分解者和非生命物质（无机环境）四部分组成的。这些组成成分在物质循环和能量流动中各自发挥着特定的作用，并形成整体功能，使整个生态系统正常运行。

① 群落

群落又称生物群落，是指具有直接或间接关系的多种生物种群的有规律的组合，并具有复杂的种间关系。如在森林中，植物为生活在其中的动物提供栖息地和食物，而一些动物又可以以其他动物为食物，并且土壤中大量生存的微生物能分解动植物残骸，为植物提供大量养分，这一切便组成了一个生物群落。

② 生物圈

生物圈是指地球上有生命活动的领域及其居住环境的整体，包括大气圈的下层、岩石圈的上层、整个土壤圈和水圈。生物圈主要由生命物质、生物生成性物质和生物惰性物质三部分组成。它是生命物质和非生命物质的自我调节系统。

③ 矿山

矿山包括煤矿、金属矿、非金属矿、建材矿和化学矿等，是开采矿石或生产矿物原料的场所，一般包括一个或几个露天采场、矿井和坑口，以及保证生产所需要的各种辅助车间。按规模大小，矿山可分为大型矿山、中型矿山和小型矿山。

28 森林生态系统

森林生态系统是指森林生物群落及森林所在的生态环境相互作用所形成的相对稳定的系统，是陆地生态系统中最重要、面积最大的自然生态系统。

所谓森林生物群落，包括森林植物群落和动物群落。例如在一片森林中，生长着各种树木（阔叶林、针叶林、灌木丛等），再加上森林中的各种动物，就构成了森林生物群落。

森林生态系统是大陆上最庞大的生态系统，所以它在生物圈的能量转化、物质循环中，都起着关键作用。森林具有吸收、转化太阳能和积累有机物质的强大能力。森林通过光合作用，每年形成的有机质总量达730亿吨，占地球生物所产有机物产量的44.5%。森林所积蓄的碳量约占植物所蕴藏的总碳量的90%。在整个生态系统中，森林是最大的生产者，陆地生物所消费的有机质的2/3是靠森林提供的。所以森林的生长和毁灭，也就影响着动物和微生物的生长和毁灭。森林还是维持生物圈物质循环和形成区域性气候、水文条件、地理景观的重要因素，在维护陆地生态平衡、保护人类生态环境中起着关键作用。

 ① 针叶林

针叶林是以针叶树为建群种（如云杉、冷杉）所组成的各类森林的总称，包括常绿和落叶、耐寒和耐旱、喜温和喜湿等类型的针叶纯林和混交林。它是寒温带的地带性植被，是分布最靠北的森林。

② 有机物质

所谓有机质，就是含有生命功能的有机物质，即有机化合物，是分子量较大的含碳化合物（一氧化碳、二氧化碳、碳酸盐、金属碳化物等少数简单含碳化合物除外）或碳氢化合物及其衍生物的总称。

③ 水文

水文是指自然界中水的变化、运动等各种现象。就像我们所熟知的"天文"一词一样，"水文"现今又可指研究自然界水的时空分布、变化规律的一门边缘学科。

▲ 阔叶林

29 世界森林环境

　　全世界大约有2800万平方千米的面积被郁闭林所覆盖，大约占森林总面积的69%，另有1300万平方千米为稀疏林，此外，还有在休耕地上重新生长出来的森林400万平方千米。发展中国家的天然灌木林和退化的森林地约680万平方千米。如果把后两种林地和稀疏林、郁闭林加在一起，总数可达5180万平方千米，约占世界土地总面积的40%。

▲ 灌木林

　　森林在世界各国的分布很不平衡，反映了各国降雨、温度、土地利用、总土地面积和人口密度的巨大差异。世界上52%的郁闭热带雨林生长在巴西、印度尼西亚和扎伊尔。25个森林面积最大的国家拥有世界上3200万平方千米的森林面积，占世界森林面积的74%。俄罗斯、加拿大、美国共有1700万平方千米森林，占世界森林面积的40%。

　　由于种种原因，世界森

林面积正在逐渐减少。每年有6万～8万平方千米的郁闭林以及大约4万平方千米的稀疏林被开垦成农田。由于酸雨造成的"森林死亡"现象也在加剧，森林资源进一步遭到破坏。

全世界每年有14.5万平方千米重新营造的林区或更新林区出现，但人工造林的速度仍慢于毁林的速度。近年来，热带雨林地区森林砍伐速度已经超过造林速度10～20倍。

① 郁闭度

郁闭度指林地中乔木树冠遮蔽地面的程度。它是树冠投影面积与林地面积的比值，常用十分法表示，即0.1～1。根据联合国粮农组织规定，0.7（含0.7）以上的郁闭林为密林，0.2～0.69为中度郁闭林，0.2（不含0.2）以下为疏林。

② 森林锐减

森林锐减是指人类的过度采伐或自然灾害所造成的森林大量减少的现象。据推测，在人类开始从事农业活动以前，地球上有将近1/2的陆地被森林覆盖，但到今天，森林面积却仅占地球陆地面积的1/5，下一秒也许会更少。

③ 酸雨

酸雨是指pH值小于5.6的雨雪或其他形式的降水。酸雨正式的名称是酸性沉降，可分为湿沉降与干沉降两大类，前者指的是所有气状污染物或粒状污染物随着雨、雪、雾或雹等降水形态而落到地面，后者则是指在不下雨的日子，酸性物质以重力沉降等形式逐渐降落到地面。

30 中国森林环境

▲ 银杏是中国特有树种

中国地域辽阔，跨越热带、亚热带、暖温带、温带、寒温带，自然地理条件复杂多样，所以森林类型繁多，树种丰富。中国由南向北的森林植物群落依次为热带雨林、热带季雨林、亚热带常绿阔叶林、暖温带针叶林和落叶阔叶混交林、寒温带针叶林。全世界共有木本植物2万多种，中国有26属近200种；中国阔叶树木种类达260属2000多种。银杏、水杉、水松、银杉、杉木、金钱松、旱莲等为中国所特有；红松、落叶松、水曲柳、马尾松、云杉、楠木等是中国的重要用材树种；油桐、油茶、乌桕、漆树等是中国重要的经济树种。中国的竹类有近300种。

不过，中国森林覆盖率低，地理分布不均匀。中国有森林面积134万平方千米，约占世界森林面积的3%，森林覆盖率只有13.92%，大大低于22%的世界森林平均覆盖率，居世界第29位。中国森林蓄积量为117.85亿立方米，仅为世界总量的2.55%。森林面积按人口平均计算，世界平均为每人8000平方米，而中国只有每人1000平方米。据世界75个国家的不完全统计，世界森林蓄积量平均为每人65立方米，而中国仅为每人9.37立方米。由此可见，中国是一个森林资源贫乏、林业不发达的国家。

① 热带

南北回归线之间的地带为热带，地处赤道两侧。该带太阳高度终年很大，且一年有两次太阳直射的机会。热带全年高温，且变幅很小，只有雨季和干季或相对热季和凉季之分。

② 银杏

银杏俗称白果，为落叶乔木，是现存种子植物中最古老的孑遗植物，变种及品种有黄叶银杏、塔状银杏、裂银杏、垂枝银杏、斑叶银杏等。银杏果仁可以炒食、烤食、煮食、配菜，也可以做糕点、蜜饯、罐头、饮料和酒类。银杏有祛痰、止咳、润肺、定喘等功效，但大量进食后可引起中毒。

③ 温带

热带和极圈之间的气候带为温带。本带内太阳高度和昼夜长短的变化都很大，太阳高度一年之中有一次由大到小的变化，气温也随之出现由高到低的变化。四季分明是其最大的特点。

31 森林是减灾之本

森林能够保水固土，防止水土流失。据测定，每667平方米的林地比非林地多蓄水20立方米。333.5平方千米森林所含蓄的水量相当于一座容量为1000万立方米的大型水库。森林还能有效地调节水分。在雨季，森林蓄积水分可使洪水减弱减缓；在无雨的干旱季节，森林又通过枝叶大量蒸腾水分以减弱旱象。

森林能调节气候，防风固沙。森林里，巨大的树冠和树身阻挡了大风，使风速降低，风力变小。森林蒸发水分则可使林区空气湿润，起到调节气候的作用。

森林能净化空气、净化水源，是消除污染、净化环境的能手。林木能吸收空气中的有毒物质，截留大量灰尘，从而减轻空气污染。1平方千米的树林在生长季节每月可吸收二氧化硫5400千克，一年能吸收3600吨烟尘。在环境污染日益严重的今天，森林的重要性日益突出。

森林还有美化环境、构成美丽景观的作用。许多著名的风景区都是以森林为主体的，如中国的黄山、九寨沟、张家界、长白山等。它们色彩多变的季节景观、郁郁葱葱的无限生机，使有幸涉足者流连忘返，得到美的享受。

假如没有森林，人类的生存环境将会大大恶化，沙漠将会不断扩大，洪水将泛滥成灾，许多生物物种将会灭绝，其后果将危及人类生存。因此，只有保护好森林，我们的地球家园才会变得更加美好。

▲ 农田边的防风林

① 二氧化硫

二氧化硫是无色、有刺激性气味的有毒气体，易液化，易溶于水，是最常见的硫氧化物，也是大气中的主要污染物之一。当二氧化硫溶于水时，会形成亚硫酸，故二氧化硫是形成酸雨的主要原因。火山爆发和许多工业过程都会产生二氧化硫。

② 水源

水源是水的来源和存在地域的总称。水是地球生物赖以生存的物质基础。水主要存在于海洋、河湖、冰川雪山等区域，它们通过大气运动等形式得到更新。各大高寒山脉和星系对应的天文潮汐落点都是地球水系的发源网点。

③ 旱季

旱季与雨季相对，是指在一定气候影响下，某一地区每年少雨干旱的一个月或几个月时间。水资源稀少的地区，每逢旱季常会发生生产、生活用水紧张，甚至饮水困难。由于旱季多高温天气，一些致病微生物生长繁殖较快，如果不注意清洁卫生，很容易发生胃肠道疾病。

32 天然蓄水库（一）

森林能涵养水源，保持水土，被人们誉为"绿色水库"。

当人们进入大森林时，总会感觉空气湿润，林地上松软而潮湿，这是林区降雨多的原因。森林可以阻挡气流，促使气流升高和涡动，促进水汽凝结而降雨。

▲ 林木庞大的树冠可以截留雨水

在森林中，当滂沱大雨降落时，首先遇到的就是郁郁葱葱的树冠，巨大的树冠及其茂密的枝叶对降水起着截拦、阻滞作用。一般说来，树冠大约可以截留雨量的25%。这些降水经过蒸发，又回到空中。穿过树冠的雨水降落地面，又有15%被软如海绵的枯枝落叶层和土壤所吸收，还有35%的雨水渗入地下成为地下水，另有25%成为地表径流流走。森林地区的地下水流动很慢，一年才走2000米路程，可见森林能有效地保持水土。

森林的蓄水能力很强，据测定，1平方千米的林地比无林地能多蓄水3万立方米，营造1000平方千米的林地就相当于建一座3000万立方米库容的大型水库。

森林的蓄水功能在暴雨季节对防止山洪暴发有着十分重要的作用。在光秃秃的山区，每当暴雨降落，雨水因无阻拦而来不及渗入土壤就顺着地表径流而去，无数径流汇成洪水，浊浪滚滚，泥沙俱下，往往造成洪水泛滥之灾。而在有森林的地方，由于森林的作用，山洪往往减弱、减缓，避免洪灾发生。

① 植物截留

植物截留是指降水落到地面以前，被树木枝叶、作物茎叶截去的部分。初降雨时，雨滴落在植物枝叶上，几乎全部被枝叶截留，在没能满足最大截留量之前，植物下面的地面只能获取少量降水。植物截留是降水损失的一项重要组成。

② 降水

像雨、雪、霜、露、雾等天气现象，大气中的水汽以各种形式降落到地面的过程就叫作降水。一般形成降水要符合以下条件：一是要有充足的水汽；二是要使气体能抬升并冷却凝结；三是要有较多的凝结核（空气中的悬浮颗粒）。

③ 暴雨

暴雨是降雨强度很大的雨，中国气象上规定，24小时降水量为50毫米或以上的强降雨称为暴雨。特大暴雨是一种灾害性天气，往往造成洪涝灾害和严重的水土流失，还会导致工程失事、堤防溃决和农作物被淹等重大的经济损失。

33 天然蓄水库（二）

▲ 森林植被可以调节径流

　　1975年8月，中国河南中部连降特大暴雨。暴雨致使板桥、石漫滩两座水库大坝崩溃，造成严重危害。而处于同一地区的东风水库，却安全渡过洪峰。究其原因，主要是因为板桥、石漫滩水库上游森林覆盖率低，只有20%左右，往年已因水土流失、泥沙淤积，减少了库容，这次暴雨倾泻时，又缺乏截留雨水的林木，当洪流奔腾而下，泄洪不及，造成洪灾。而东风水库的上游及库区周围森林覆盖率达90%以上，林木阻截下泻的降水，减少了径流量，因而东风水库安然无恙。

　　在无雨的干旱季节，森林又能通过巨大的蒸腾作用将其蕴蓄的水分蒸发到空气中去，增加空气的湿度，凝云致雨，增加林区及附近的降雨量，从而减弱旱情。

在河流水源地区保持良好的森林植被，能够调节径流，改善水的供应，促使林区地带云多、雾多、雨多。由此可见，"山上多种树，等于修水库，雨多它能吞，雨少它能吐"的说法是很有科学道理的。

树木是抽水机。树木的庞大根系在地下搜索着每一滴水，然后通过树干不断地将水输送到树叶，最后将水由叶面上的气孔排到空气中。667平方米的松林在一个夏季就可以向空气中排出142吨水，可使周围200～300米的地方气温下降2℃～4℃，使空气的湿度增加15%～20%。因此，夏季人们在树木附近会感到舒适。

① 大坝

为开发、利用和保护水资源，减免水害而修建的承受水作用的建筑物称为水工建筑物。大坝则是起挡水作用的水工建筑物，可分为土坝、重力坝、混凝土面板堆石坝、拱坝等。大坝是构成水库、水电站等水利枢纽的重要组成部分，其高度取决于枢纽地形、地质条件、淹没范围等。

② 雾

雾是在水汽充足、微风及大气层稳定的情况下，接近地面的空气冷却至某种程度时，空气中的水汽便会凝结成细微的水滴悬浮于空中，使地面水平的能见度下降的一种天气现象。雾可分为辐射雾、平流雾、混合雾、蒸发雾以及烟雾。雾以春季2月至4月较多。

③ 抽水机

抽水机又叫水泵，是将水从低处提升至高处的水力机械，广泛应用于农田灌溉、排水以及工矿企业与城镇的给水、排水。它由水泵、动力机械与传动装置组成。常见的抽水机有活塞式、离心式和轴流式。

34 热带雨林

▲ 热带雨林

热带雨林主要分布在东南亚、南美洲、非洲和印度等地。20世纪中叶以前，人类的活动几乎没有伤害到它。那时，地球上沙漠的面积比现在小得多，自然灾害也不像现在这样频繁，其中热带雨林的作用功不可没。

然而近50年来，热带雨林却遭到严重破坏，并以惊人的速度在消失，其中破坏最严重的地区是拉丁美洲、西非和东南亚。目前，拉丁美洲茂密的森林有2/3已经消失，世界上最秀丽的热带雨林——东南亚雨林正在消失之中，尤其是20世纪60年代巴西开始的大规模"垦荒运动"，使世界上最大的热带雨林——亚马孙热带雨林受到了空前的破坏。这不仅给巴西人带来了灾难，而且在全球范围内造成了不良后果。这是因为热带雨林不仅为大量动植物提供了良好的生存环境，而且还有保护水土、调节气候等重要作用。

　　热带雨林被砍伐后，失去保护的地表会迅速干燥，沙漠便会大肆扩张，同时大量的尘埃进入大气，从而影响全球热量、水分交换，导致地球气候的变化及自然灾害频繁发生。因为巴西热带雨林被严重破坏，临近的秘鲁沙漠扩大了。非洲撒哈拉大沙漠一直在向南推进，干旱威胁着西非荒原地带，这些都是当地热带雨林消失所造成的。如今，地球上洪涝频繁，干旱肆虐，气候变暖，沙化严重，这些都与热带雨林面积日益缩小有关。

① 水土保持

　　水土保持是指对自然因素和人为活动造成的水土流失所采取的预防和治理措施。水土保持是具有科学性、地域性、综合性和群众性的一项系统工程。其主要措施是工程措施、生物措施和蓄水保土耕作措施。

② 洪涝灾害

　　洪是指大雨、暴雨引起水道急流、山洪暴发、河水泛滥进而淹没农田、毁坏环境与各种设施的现象；涝指水过多或过于集中造成的积水成灾。总体来说，洪和涝都是水灾的一种。

③ 干旱

　　干旱通常指淡水总量少、不足以维持人的生存和经济发展的现象。干旱是人类面临的主要自然灾害。随着人类经济发展和人口的暴涨，水资源的不合理开发利用，水资源短缺的现象日益严重，从而使干旱的程度也逐渐加重。

35 保护热带雨林

　　热带雨林被毁，失去的不只是简单的树木，其中包含着人类最宝贵的财富。世界上大约有45万种植物，其中有30万种生长在热带雨林中。现在热带雨林有25万种植物有灭绝的危险，它们等不到被人们发现和利用便会消失掉，这对人类来说是一个不可弥补的损失。在热带雨林这个巨大的基因宝库中，还有很多动物。全球物种不到1000万种，热带雨林中就有三四百万种。现在有276种哺乳动物、345种鸟类、136种两栖动物和爬行动物正在受到严重威胁。马来半岛有460种鸟，其中多数离开森林便无法生存。如果热带雨林一旦被砍伐，地面一片光秃，强烈的阳光将使树木、作物、花草都不能生长，野生动物也将随之遭受灭顶之灾，后果不堪设想。

▲ 灭绝动物纪念碑

　　世界银行公布的一份

资料再次向人们发出警告，东南亚和南美热带雨林的面积仅在1993年到1998年5月间就减少了35%。美国政府《2000年的地球》研究报告中估计热带雨林每年减少约20万平方千米。如果热带雨林遭破坏的势头得不到有效遏制，用不了50年，热带雨林就会从地球上消失。专家们警告说："这是我们时代最严重的环境威胁之一。"因此，我们必须采取有效措施，保护、拯救宝贵的热带雨林。

① 哺乳动物

哺乳动物是指脊椎动物哺乳纲中一类用肺呼吸空气的温血动物，因能通过乳腺分泌乳汁来给幼崽哺乳而得名。哺乳动物处于动物发展史上最高级的阶段。中国的国宝大熊猫就是哺乳动物。

② 爬行动物

爬行动物是一类属于四足总纲的羊膜动物，第一批真正摆脱对水的依赖而征服陆地的变温脊椎动物，包括龟、蛇、蜥蜴、鳄、已灭绝的恐龙与似哺乳爬行动物等。爬行动物可以适应各种不同的陆地生活环境。

③ 半岛

半岛一般三面被水包围，是指陆地一半伸入海洋或湖泊，一半同大陆相连的地貌部分。大的半岛主要是受地质构造断陷作用而形成的。欧洲海岸线曲折，有众多的半岛，素有"半岛的大陆"之称。

36 森林锐减及防治

森林锐减是指人类的过度采伐或自然灾害所造成的森林大量减少的现象。据推测，在人类开始从事农业活动以前，地球上有将近1/2的陆地被森林覆盖，但到今天，森林面积却仅占地球陆地面积的1/5，下一秒也许会更少。

导致这一环境问题最主要的原因便是人类对林木无节制地乱砍滥伐，其次是为了满足人口增长对粮食的需求，越来越多的林地被开垦为耕地。大规模的放牧、采集薪材、越来越严重的空气污染，也都是导致森林锐减的缘由。森林锐减现象最明显的地区就是热带地区，发展中国家大量砍伐林木用于出口，导致热带森林迅速减少。

我们知道森林对我们人类甚至这个地球的重要性，那么要缓解、治理并防止森林锐减，最直接的方法无疑是植树造林，对不适于耕作的农地进行退耕还林，控制开采、放牧等行为，并提升环境质量使其达到适宜森林成活的标准。在有条件的情况下，可以适当开展森林旅游，让久居城市远离自然的人们了解自然的美丽与伟大，也让人们认识到森林的现状，激发人们的敬仰与保护之心。

① 耕地

耕地指种植农作物的土地，包括熟地，新开发、复垦、整理地，休闲地（含轮歇地、轮作地）。耕地是人类赖以生存的基本资源和条件，以种植农作物（含蔬菜）为主，间有零星果树、桑树或其他树木。进入21世纪，随着人口不断增多，耕地面积正逐渐减少。

▲ 植树造林

② 退耕还林

退耕还林指把不适于耕作的农地（主要指坡度在25°以上的坡耕地）有计划地转换为林地。退耕还林这一想法是从保护和改善生态环境出发的，将易造成水土流失的坡耕地有计划、有步骤地停止耕种，按照适地适树的原则，因地制宜地植树造林，恢复森林植被。

③ 出口

出口指向非居民提供他们所需的产品和服务，目的是扩大生产规模、延长产品的生命周期。与进口相对应，出口是指将国内的货物或技术输出到国外的贸易行为。

37 草原生态系统

▲ 草原

　　草原生态系统是由草原地区非生物环境和草原地区生物构成的进行能量交换与物质循环的基本功能单位。在结构、功能等方面，草原生态系统与农田生态系统、森林生态系统具有很大的差别，它不仅是重要的畜牧业生产基地，还是重要的生态屏障。

　　草原生态系统多分布于干旱地区，年降雨量很少，且在不同的年份或季节，降雨量很不均匀，因此群落和种群的结构也经常发生很大的变化。不过，草原生态系统较森林生态系统来说，其动植物种类并没有那么多，群落的结构也简单了许多。

草原是畜牧业的重要生产基地，其所生长的植物以草本为主，少数会出现灌木丛。由于降雨稀少，乔木非常少见。那里的动物为与草原上的生活环境相适应，大多数具有挖洞或快速奔跑的行为特点。草原上啮齿目动物特别多，它们几乎都过着地下穴居的生活。不同地区的草原一般都具有代表性的物种。东非洲的大象、犀牛等，澳大利亚的袋鼠都代表着一个地区的草原生态。

　　由于鼠害、虫害以及过度放牧等自然或人为的原因，草原的面积正在不断萎缩，一些牧场正受到沙漠化的威胁。因此，必须加强对草原的合理利用和保护。

① 畜牧业

　　畜牧业是指用放牧、圈养或者二者结合的方式，饲养畜禽以取得动物产品或役畜的生产部门，包括家禽饲养、牲畜饲牧、经济兽类驯养等。畜牧业是农业的重要组成部分，与种植业并列为农业生产的两大支柱。

② 鼠害

　　鼠害是指鼠类对农业生产造成的危害。老鼠可以传播多种病毒性和细菌性疾病，包括鼠疫和出血性肾综合征。在鼠害严重的季节和局部地区，老鼠还会咬人，对人的身体健康造成直接危害。

③ 虫害

　　危害植物的动物种类很多，其中主要是昆虫，另外有螨类、蜗牛、鼠类等。昆虫中虽有很多害虫，但也有益虫，对益虫应加以保护、繁殖和利用。掌握害虫发生和消长的规律，对于防治虫害具有重要意义。

38 草原退化及防治

草原退化是一种受自然条件和人为活动影响，草原生物资源、土地资源、水资源和生态环境恶化，致使生产力下降的现象或过程。草原沙化、草原盐渍化及草原污染等都属于草原退化。

导致草原退化的原因，一是自然因素，二是人为因素。自然因素主要包括气候变化和水文动态变化，如干旱、火灾、风蚀、沙尘暴、水蚀、地表水和地下水减少、鼠虫害等。人为因素主要体现在人类长期不合理的甚至掠夺式的开发利用，如过度放牧、胡乱开垦、过度砍伐等，不断从草原带走大量物质，而草原却得不到及时的补偿。这违背了生态系统的物质与能量平衡的基本原理，导致草原生态系统功能发生紊乱、失调，甚至衰退。

想要治理并防止草原退化，必先充分认识并理解草原生态系统的重要性，提高人们自主保护草原的意识。草原地区应落实《环境保护法》《草原法》等一系列法律，保护牧场，严禁对草原的破坏行为，并控制人口增长，建设防护林，扩大种草、造林的面积。当然，任何治理与防护的措施都贵在坚持，要实现畜牧业的现代化是一个长期奋斗的过程。

▲ 过度放牧

① 草原沙化

草原沙化就是草原环境状态逐渐向沙漠环境状态变化的过程。当草原土壤中水分不足以供给大量植物生长时，就会导致部分处于劣势的植物死亡并消失。如果草原持续处于一种干旱等恶劣自然条件下，其中的大部分甚至全部植物将无法生存，这样持续循环下去，草原最终会变成沙漠。

② 地下水

地下水是指埋藏和运动于地面以下各种不同深度含水层中的水。地下水是水资源的重要组成部分，由于水质好，水量稳定，所以是农业灌溉、城市和工矿的重要水源之一。不过在一定的条件下，地下水的变化也会引起沼泽化、盐渍化、滑坡、地面沉降等不利自然现象。

③ 防护林

防护林是为了防风固沙、保持水土、调节气候、涵养水源、减少污染所经营的天然林和人工林，它是中国林种分类中的一个主要林种。营造防护林时要根据"因地制宜，因需设防"的原则，并加强抚育管理，在防护林地区只能进行择伐，还要定期清除病腐木并及时更新。

39 草原生态环境保护

中国已于1985年10月1日开始正式实施《草原法》，这说明草原生态系统的保护已经引起了国家的重视，标志着人们对草原在环境中的地位以及草原生态系统恶化将产生的危害的认识已经到了一个更高的水平。根据中国的基本情况，应运用科学的手段对草原生态系统进行分析和管理，以达到对草原生态系统的保护与恢复。

长久以来缺乏有效的、科学的管理措施，是中国草原生态系统恶化如此严重的主要原因之一。迄今为止，中国大部分草原仍处于"靠天养畜"和"牧草自生自灭"的落后状态。然而在20世纪60年代，国

▲ 实行以草定畜的科学经营方式

际上就已经开始对草原生态系统运用系统分析的方法来进行科学的管理了。显然，在这方面我们是落后的，我们要奋起直追，在建立保护草原生态系统的对策时，首先应加强草原生态基础理论的研究，改革落后的经营方式，实行以草定畜、适度放牧，并推行季节牧业以减轻草场压力，同时落实各种恢复和发展草原植被的措施，实现科学化管理。

① 牧草

牧草一般指供饲养的牲畜食用的草或其他草本植物。广义的牧草包括青饲料和作物。牧草有较强的再生力，一年可收割多次，富含各种微量元素和维生素，是饲养家畜的首选。牧草品种的优劣直接影响到畜牧业经济效益的高低，需加以重视。

② 世纪

世纪是计算年代的单位，一百年为一个世纪，这里的一百年，通常是指连续的一百年。当用来计算日子时，世纪通常从可以被100整除的年代或此后一年开始，例如2000年或2001年。不过，以前有人将公元1世纪定为99年，如果按照这种定义的话，2000年则为21世纪的第一年。

③ 年代

年代是将一个世纪以连续的十年为阶段进行划分的叫法，通常适用于公元纪年。一个世纪为100年，将一个世纪按每10年为一个历史时期进行划分，可分为10个年代，依次分别叫作10年代、20年代、30年代……

40 草原生态环境恢复

为了防止中国草原环境进一步恶化，相关专家研究、讨论并制定了一些对保护和恢复草原生态系统功能和结构基本有效的措施，如实行分区轮牧、建立围栏、合理利用草场等。在草原生态环境要保护而畜牧业也要发展的情况下，发展人工草场和种植饲草势在必行，这样才能获得良好的环境与经济效益。人工种植牧草这一措施，既有利于草原生态的恢复，又可在短时间内获得可观的经济效益。

当前世界，牧业的产值要占农业产值的一半以上，并且发达国家要么基本上完成了由农业向牧业的转变，要么农、牧并重。而像中国这种拥有大面积荒山、草坡的国家，对于发展畜牧业是有巨大潜力的。所以，我们应该充分利用农业、牧业、林业三者之间的关系，发展畜牧业和草业，建立新的农业生产结构体系，以减轻耕地不足地区的农田压力。同时在牧区开展草业的现代化生产，目标是形成符合生态规律的牧业生产新体系，促进草原生态的恢复与发展。

① 轮牧

轮牧是划区轮牧或分区轮牧的简称，是经济有效利用草地的一种放牧方式，是按季节草场和放牧小区依次轮回或循环放牧的一种放牧方式。轮牧不仅可以有计划地利用草场资源，且可保证每一块草场都有一定的间歇恢复时间，以避免过度放牧和减轻牲畜对草场的践踏、破坏。

② 饲草

饲草属于草地饲用植物资源，是指草地中可供家畜放牧采食或人工收割后用来饲喂家畜的各种植物组成的群体。中国天然草地的植被组成中约有饲用植物1.5万种，以多年生草本植物和半灌木、灌木为主，另外还包括一些乔木、一年生植物和低等植物。

③ 山坡

山坡是介于山顶与山麓之间的部分，是构成山地的三大要素之一。山坡的形态复杂，有直形、凸形、凹形、"S"形，较多的是阶梯形。因为山坡分布的面积广泛，所以山坡地形的改造变化是山地地形变化的主要部分。草坡便是长草的山坡。

▲ 围栏放牧

41 退耕还林

▲ 坡耕地要退耕还林还草

退耕还林是指本着保护和改善生态环境的理念，将易造成水土流失的坡耕地有计划、有步骤地停止耕种，按照适地适树的原则，因地制宜地造林种草，恢复森林植被。

退耕区多属于交通不便、自然环境恶劣的山区或半山区，平川谷地很少，且这种自然环境经常面临干旱、水土流失等环境问题。退耕区的经济状况一般较差，地方财政收入多年呈赤字现象。虽然随着经济社会的发展，建设用地不断侵占农业用地，但退耕区却呈现出相反的现象，且北方地区的退耕区多发干旱，粮食产量受到极大的影响。

退耕还林是中国实施西部开发战略的重要政策之一，其基本政策措施是"退耕还林，封山绿化，以粮代赈，个体承包"。退耕还林工程是中国乃至世界上投资最大、政策性最强、涉及面最广、群众参与程度最高的一项重大生态工程。它本着统筹规划、分步实施、突出重点、注重实效；政策引导和农民自愿退耕相结合，谁退耕、谁造林、谁经营、谁受益；遵循自然规律，因地制宜，宜林则林，宜草则草，综合治理；建设与保护并重，防止边治理边破坏；逐步改善退耕还林者的生活条件等原则，逐步实施退耕还林、退耕还草。

① 坡耕地

坡耕地是指分布在山坡上地面平整度差，跑水、跑肥、跑土突出，作物产量低的旱地。一般是指坡度为6°～25°之间的坡地开垦后的耕地。这种耕地的存在严重制约旱地作物产量的大幅度提高，且耕作比例越大，水土流失现象越严重，对生态环境的破坏也越大。

② 西部大开发

西部大开发是政府的一项重要政策，旨在"把东部沿海地区的剩余经济发展能力，用以提高西部地区的经济和社会发展水平、巩固国防"。西部大开发的范围包括陕西省、甘肃省、青海省、宁夏回族自治区、新疆维吾尔自治区等12个省区。

③ 山区

人们习惯上把山地、丘陵以及比较崎岖的高原都叫作山区。山区较平原来说，不大适宜发展农业，易造成水土流失等生态破坏现象。不过一些水热条件比较好的地区，可以大力发展林业和牧业。另外，开发旅游观光区也不失为山区人民增加收入的好方法。

42 海洋生态系统

　　海洋生态系统是海洋中由生物群落及其环境相互作用所构成的自然系统。海洋生态系统的分类方法众多，若依据生物群落来划分，可分为藻类生态系统、珊瑚礁生态系统、红树林生态系统等；若根据海区来划分，可分为上升流生态系统、大洋生态系统、沿岸生态系统等。无论如何划分，分出的各个不同等级的次生生态系统都从属于全球海洋这一个大生态系统。

　　海平面以下200米内的区域为浅海区。作为复杂海洋生态系统基础的浮游植物和大型藻类都在浅海区域进行光合作用。深度超过200

▲ 珊瑚礁生态系统

米，最深至4000米的区域为深海区，这里阳光无法射入，鱼类及其他动物都有其独特的生存方式。

虽然世界海洋被划分为一些海和大洋，但世界海洋是一个连续的整体，它们之间存在着海水运动，各海区之间相互影响和作用，并没有相互隔离。决定某一海域状况的主要因素便是大洋环流和水团结构。海水具有比空气大得多的比热，且导热性能差，所以海水温度的年变化范围并不大。热带海区全年温度变化小于5℃，两极海域约为5℃，温带海区一般在10℃～15℃之间。

① 珊瑚

珊瑚是珊瑚虫分泌出的外壳，化学成分主要是碳酸钙。珊瑚虫是一种海生圆筒状腔肠动物，有八个或八个以上的触手，触手中央有口，在白色幼虫阶段便自动固定在先辈的石灰质遗骨堆上。珊瑚虫种类很多，是海底花园的建设者之一。

② 红树林

红树林是指生长在热带、亚热带低能海岸潮间带上部，受周期性潮水浸淹的潮滩湿地木本生物群落。红树林是红树植物群落的总称，其中以红树为主，还有红茄苳、秋茄、木果莲、角果木等，大都属于红树科植物。

③ 比热

比热是比热容的简称，是单位质量物质的热容量，即单位质量物体改变单位温度时吸收或释放的内能。18世纪，英国物理学家兼化学家布莱克发现质量相同的不同物质上升到相同温度所需的热量不同，进而提出了比热容的概念。

43 海洋自养生物

海洋生态系统由海洋环境和海洋生物群落两部分组成，涉及众多要素。这些要素主要有六类：作为生产者的自养生物，主要包括可以进行光合作用的植物和细菌等；作为消费者的异养生物，包括各类海洋动物；分解者，包括海洋细菌和海洋真菌；有机碎屑物质，包括生物死亡后分解成的有机碎屑和陆地输入的有机碎屑，以及大量溶解有机物和其聚集物；参加物质循环的无机物质，如碳、氮、硫、磷、水等；水文物理状况，如温度、海流等。

浮游藻类、海洋种子植物和浅海区的底栖藻类等生活在海洋真

▲ 海洋底栖藻类

光层的具有叶绿素的自养植物，就是组成海洋生态系统中生产者的主要成分。浮游植物可以直接摄取海水中的无机营养物质，由于其体型小，且对悬浮可以充分适应，所以具有减缓下沉或不下沉的功能，这样就可以在真光层内停留进行光合作用，并可以保持很低的代谢消耗和快速繁殖，是最能适应海洋环境的。海洋中利用化学能或光能的许多自养型细菌也是生产者，如在加拉帕戈斯群岛附近海域发现的海底热泉周围的一些动物，由寄生或共生体内的硫黄细菌提供有机物质和能源。

① 自养型

自养型指的是绝大多数绿色植物和少数种类的细菌以光能或化学能为能量的来源，以环境中的二氧化碳为碳源来合成有机物，并且储存能量的新陈代谢类型。可分为光能自养型和化学能自养型。

② 真菌

真菌是一种真核生物，最常见的真菌是各种蕈，另外真菌也包括丝状真菌和酵母。人们通常将真菌门分为接合菌亚门、鞭毛菌亚门、担子菌亚门、子囊菌亚门和半知菌亚门。真菌是生物界中很大的一个类群，世界上已知的真菌有1万属12万余种。

③ 真光层

真光层又名透光带，指水层中有光线透过的部分，为海洋生物生态作用最活跃的水层。在海洋、湖泊、河流等水域生态系统中，浮游植物基本上都分布在这一层。

44 海洋异养生物

▲ 海洋中的浮游生物

在海洋生态系统中，根据不同营养层次，主要由异养生物组成的消费者可分为一级、二级、三级等。一级消费者又称初级消费者，即以植物为食的动物。大多数初级消费者是体型不大的小型浮游生物。也有一些初级消费者，如很小的原生动物，属于微型浮游生物。而二级、三级等消费者，即肉食性动物，则称为次级消费者。它们的分布不仅限于上层海水，并且大小不一，种类繁多。海洋中还有一些摄食浮游植物和小型浮游动物的杂食性浮游动物，它们也属于次级消费者，可以调节初级消费者和初级生产者的数量。

海洋中的异养真菌和细菌组成海洋生态系统中的分解者，它们将生物尸体内的各种复杂物质分解为可供生产者和消费者吸收和利用的无机物和有机物，在海洋无机和有机营养再生产的过程中起着重要的作用。

　　海洋生态系统不同于陆地生态系统的一个重要特点就是，海洋中含有数量众多并起到很大作用的有机碎屑物质。在海洋中除了以植物为起点的食物链或食物网以外，还存在着以有机碎屑为起点的食物链或食物网。所以，在分析海洋生态系统的功能与结构时，应当将有机碎屑物质当作一个重要组分来研究。

① 浮游生物

　　浮游生物是在海洋、湖泊及河川等水域的生物中，自身完全没有移动能力，或者有非常弱的移动能力，不能逆水流而动，需要浮在水面生活的一类生物的总称。浮游生物包括浮游动物（如海蜇、小型水母等）和浮游植物（如蓝藻、硅藻等）。

② 异养生物

　　不能直接把无机物合成有机物，必须摄取现成的有机物来维持生活的营养方式，叫作异养。因此，异养生物指的是那些只能将外界环境中现成的有机物摄入体内，转变成自身的组成物质，并且储存能量的生物。

③ 海洋植物

　　海洋植物是海洋中利用叶绿素进行光合作用以生产有机物的自养型生物。海洋植物的形态复杂，有2～3微米的单细胞金藻，也有长达60多米的多细胞巨型褐藻；有简单的群体、丝状体，也有具有维管束和胚胎等休态构造复杂的乔木。

45 海洋污染及防治

海洋污染是人类直接或间接将物质或能量引入海洋环境（包括港湾），以致对生物资源产生有害影响，危害人类健康，妨碍海上活动（包括捕鱼活动），损坏海水质量和环境质量的现象。

海洋生态系统长期以来一直是地球上最稳定的生态系统，它巨大的储水量和辽阔的面积，使其在接纳陆地的各种物质时，不至于发生显著的变化。可是接纳也是有一定限度的，世界工业、科技的快速发展和人类生活条件的巨大改变，使排放的各种生活、工农业废物成分日益复杂，数量日益增多，导致接触这些废物的靠近大陆的海湾遭到不同程度的破坏与污染。如今，海水的温度、含盐量、酸碱度、生物种类和数量等性状发生了改变，海洋的生态平衡遭到了破坏。

海洋在地球上的地位众所周知，那么为了防止海洋环境遭到更严重的污染，应立足于对污染源的治理，注意海洋开发与环境保护的协调发展，加深对海洋的科学研究，并健全环境保护法制，加强监测和管理，同时加大对海洋环境保护的宣传教育，加强国际合作，力争还海洋一片洁净。

1 酸碱度

酸碱度是指溶液的酸碱性强弱程度，一般用pH值来表示，pH值小于7为酸性，pH值等于7为中性，pH值大于7为碱性。人体血液的正常pH值应在7.35～7.45之间，呈微碱性，如果血液pH值下降0.2，给机体的输氧量就会减少69.4%，造成整个机体组织缺氧。

② 海洋污染物

海洋污染物有以下几类：石油及其产品；金属和酸、碱，它们会直接危害海洋生物的生存及利用价值；农药，主要由径流带入海洋；放射性物质，主要来自核爆炸或核工业排污；有机废液和生活污水，严重的污染可形成赤潮；热污染和固体废物，主要包括工业冷却水和工程垃圾等。

③ 海洋污染的特点

海洋污染的特点包括：污染源多，人类在海洋和陆地活动时产生的污染物，最终都会进入海洋；持续性强，污染物一旦进入海洋，很难再转移出去；扩散范围广，因为全世界海洋是相互连通的一个整体；难以控制，海洋污染防治难，一旦形成污染危害将是相当大的。

▲ 废物倾倒导致海滩污染

46 湿地生态系统

▲ 湿地

　　湿地生态系统是在多水和过湿的条件下，陆地与水域之间水陆相互作用形成的特殊的自然综合体。在狭义上湿地这一概念一般被认为是陆地与水域之间的过渡地带，广义上则包括沼泽、滩涂、低潮时水深不超过6米的浅海区、河流、湖泊、水库、稻田等。由于湿地和水域、陆地之间没有明显边界，加上不同学科对湿地的研究重点不同，所以湿地的定义一直存在分歧。

　　全球湿地面积约占陆地面积的6%，湿地生态系统兼有陆地和水域生态系统的特点，支持着全部的淡水生物群落和部分盐水生物群落。

湿地被誉为"地球之肾"，是地球上蓄积淡水的主要区域，工农业生产用水以及生活用水大部分都来源于湿地。湿地生态系统是地球上最重要的生命保障系统，具有其特殊的生态功能。

湿地生态系统是大气、陆地和水体之间互相平衡的产物，具有调节径流、蓄洪防旱、维持生物多样性、控制污染等作用，是世界上单位生产力最高、生物多样性最丰富的不可替代的自然生态系统。

① 水库

水库是一种具有拦洪蓄水和调节水流功能的水利工程建筑物，可以用来灌溉、防洪、发电和养鱼。水库通常是在山沟或河流的峡口处建造拦河坝而形成的人工湖。按库容大小，水库可分为大型水库、中型水库、小型水库等。有时天然湖泊也可以称为水库（天然水库）。

② 径流

径流是水文循环中一个重要的环节，是指降雨及冰雪融水在重力作用下沿地表或地下流动的水流。按水流来源可将其分为降雨径流和融水径流；按流动方式可分为地表径流和地下径流；按水流中所含物质可分为固体径流和离子径流。

③ 沼泽

沼泽是指长期受积水浸泡、水草茂密的泥泞地区。沼泽的土壤中有机质含量高，较肥沃，且持水性强，透水性弱，通气良好。沼泽地带茂盛的植物中，挺水植物偏多，其中草的高矮是由地理气候来决定的，荷花则是沼泽地区的常见植物。

47 湿地生态的特征

由于湿地生态系统兼具水域和陆地生态系统的特点，是水体和陆地的过渡地带，所以具有如下生态特征：

系统的生物多样性。湿地同时具有陆地和水域丰富的动植物资源，是任何一个单一生态系统都无法与之相比的天然基因库。湿地拥有特殊的气候、水文和土壤条件，对于物种的保护和生物多样性的维持具有非常大的作用。

系统的生态脆弱性。影响湿地生态系统的环境要素之间相互作用，任一要素的改变，都会导致生态系统的变化，尤其是受到自然灾害或人为活动的干扰时，生态系统的稳定性被破坏，从而导致湿地生态系统的结构与功能受到影响。

效益的综合性和生产力的高效性。湿地具有调节气候、净化水质、涵蓄水源、保存物种等生态效益，能为工农业生产和医疗、能源等行业提供大量原料。湿地生态系统较其他生态系统来说，具有较高的初级生产力。

系统的易变性。湿地生态系统较为脆弱，很容易受到影响而改变。当系统内水量减少时，湿地生态系统将演化为陆地生态系统，而当水量恢复时，又演化回湿地生态系统。

▲ 湿地具有丰富的动植物资源

① 基因

基因是遗传的物质基础，是DNA或RNA分子上具有遗传信息的特定核苷酸序列。人类大约有几万个基因，储存着生命孕育、生长、凋亡过程的全部信息，通过复制、表达、修复，完成生命繁衍、细胞分裂和蛋白质合成等重要生理过程。

② 生产力

生产力就是人类运用各类专业科学工程技术，制造和创造物质文明和精神文明产品，满足人类自身生存和生活的能力。生产力的基本要素是生产资料、劳动对象和劳动者。目前，科学技术是推动人类社会经济、文明发展的第一生产力。

③ 环境要素

环境要素又称环境基质，是构成人类环境整体的各个独立的、性质不同而又服从整体演化规律的基本物质组分。环境要素可分为自然环境要素（如水、岩石、大气）和人为环境要素。各个环境要素之间可以相互利用，并因此而发生演变。

48 湿地生态的现状

由于经济的飞速发展和人口的快速增长，人们的各种需求越来越多，湿地被大量开垦为农田或用作其他用途，导致湿地面积缩减、湿地植被遭到破坏、湿地生态功能衰退。湿地自身的生态功能不断衰退的同时，鱼类等水生生物也丧失了繁衍的场所和栖息生存的空间。

▲ 废水的排放使湿地的环境不断恶化

随着工业化的快速发展，人们生活水平的不断提高，各种工业废水、建筑垃圾和生活污水排入湿地，导致湿地的环境污染不断加剧，生态环境不断恶化。湿地生态系统无法长期承受各种污染的侵蚀，水体污染不断严重，系统富营养化加剧，湿地中生物的生存受到严重的威胁。

湿地的不合理开发利用导致湿地资源大量减少，生态功能和效益不断下降，生物多样性严重受损。湿地水禽的过度猎捕、鸟蛋的捡拾等都使得水禽种群数量大幅度下降。湿地面积的减少和水体污染等导致鱼类的生存和繁衍受到影响，鱼类种群结构逐渐低龄化、单一化。如长江银鱼、鲫鱼、鲟鱼等经济鱼类种群数量已变得十分稀少，达氏鲟、中华鲟、白鳍豚、江豚、白鲟已成为濒危物种。

① 水禽

水禽是依靠水生环境生活的野生鸟类的总称。水禽养殖业是中国的传统产业，近年来由于鸭、鹅养殖成本低、周期短、见效快，因此取得了突飞猛进的发展。

② 水生生物

水生生物是生活在各类水体中的生物的总称。有的适合在淡水中生活，有的则适合在海水中生活。按功能划分，水生生物可分为自养生物、异养生物和分解者。水生生物种类繁多，有各种微生物、藻类以及水生高等植物、各种无脊椎动物和脊椎动物。

③ 围海造田

围海造田又称围涂，即在海滩和浅海上建造围堤阻隔海水，并排干围区积水，使之成为陆地。围海造田的方式有两种：一是在岸线以外的滩涂上直接筑堤围涂；二是对于入海港湾内部的滩涂，先在港湾口门上筑堤堵港，然后再在滩涂上筑堤围涂。

49 湿地生态的保护

中国政府对于湿地生态的保护十分重视，国家林业局同17个部委共同制定并实施了《中国湿地保护行动计划》，为湿地的保护工作提供了一系列行动指南。

第一，为了保护濒危物种，加强了湿地生物多样性的保护。目前，已有11种水禽被列为国家一级重点保护野生动物，22种水禽被列为国家二级重点保护野生动物。

第二，建立各种类型的自然保护区来保护湿地。目前，在中国已

▲ 湿地自然保护区

有353处不同种类的湿地自然保护区，并有21处被列入国际重要湿地。

第三，加强湿地生态治理，开展水资源的管理和保护，控制和治理污染物，防止污染进一步扩散。

第四，着重开展湿地保护的宣传教育和科学研究。

第五，实施"平垸行洪，退田还湖"的湿地生态恢复新举措。1998年的特大洪水之后，党中央、国务院提出了"平垸行洪，移民建镇"的三十二字方针，并投入资金103亿元用于该地区的湿地恢复工作。如今，长江干流水面恢复了1400多平方千米，增加蓄洪容积130亿立方米。这一举措对于中国湿地生态系统的恢复起到了很大的促进作用。

① 野生动物

野生动物就是在野外自然环境下生活繁衍的动物。全世界有794种野生动物，分为濒危野生动物、有益野生动物、经济野生动物和有害野生动物四种。

② 自然保护区

自然保护区在广义上是指受国家法律特殊保护的各种自然区域，包括自然遗迹地、风景名胜区、国家公园等各种保护区；狭义上是指以保护特殊生态系统进行科学研究为主要目的而划定的自然保护区，即严格意义上的自然保护区。

③ 长江

长江是亚洲第一大河，源于青藏高原唐古拉山的主峰各拉丹冬雪山，其流域面积、长度、水量都占亚洲第一位，和黄河一起并称为中华民族的"母亲河"。长江流域从西到东约3219千米，由北至南约966千米，完全或部分流经11个省区，全长6397千米。

50 生物的进化

生物进化理论是用来解释生物世代之间存在变异现象的一套理论。它是关于生物从无生命到有生命，从简单到复杂，从低级到高级逐步演化过程的学说。随着人们对进化论的不断探索，已产生了以查尔斯·达尔文的演化论为主轴的现代综合进化论，而这一理论也已成为当代生物学的核心思想之一。

生物界中各种类群体的进化并不是单一进行的，而是存在不同的方式。我们称物种的形成为小进化，物类的形成为大进化。对于小进化来说，主要有两种方式：一是渐进式进化，二是爆发式进化。生物的大进化常常是以爆发式的进化来展现的。

在生物进化的过程中，通常具有如下特征：生物体的生理功能总是趋向于越来越复杂，越来越专门化，同时遗传基因也是逐步增加的。随着外界环境的不断丰富，生物对环境的分析能力和反应方式都得到不断的发展，使生物体对环境的适应能力越来越强。不过，在曲折的生物进化的道路中，存在着各种复杂的情况，生物除了进步性的发展外，还有特化和退化现象的发生。所以，生物进化理论的研究，对于人类甚至整个生物界来说是重要的，也是必要的。

① 达尔文

　　查尔斯·罗伯特·达尔文是英国生物学家，进化论的奠基人。他曾以博物学家的身份，参加了英国派遣的环球航行，做了五年的科学考察，对动植物和地质结构进行了大量的研究。1859年出版《物种起源》一书，提出了生物进化论学说。

② 特化

　　特化是由一般到特殊的生物进化方式，指物种适应于某一独特的生活环境，形成局部器官过于发达的一种特异适应，是分化式进化的特殊情况。由于特化生物类型大大缩小了原有的适应范围，所以当环境发生突然的或较大的变化时，往往导致它们的灭绝，成为进化树中的盲枝。

③ 退化

　　退化是生物体在进化过程中某一部分器官变小，构造简化，功能减退甚至完全消失的现象。退化是生物物种因发生变异而使原有遗传性状发生对其自身生存或（和）对人类实践应用带来不利影响的改变。

▲ 人类进化图

51 生物多样性减少

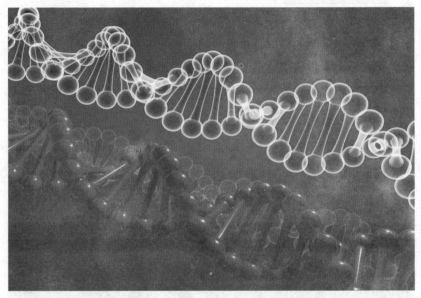

▲ 遗传基因图像

生物多样性一词来源于英文，意为互异的、有差异的、多变而不同的状态，简单地说，就是指地球上所有不同形式的生命的总和，而具体的是指各种生命形式的资源，包括所有的动物、植物、微生物所拥有的基因以及各种生物与环境形成的生态过程。生物多样性可分为三个层次：遗传基因多样性、生物物种多样性和生态系统多样性。

生物多样性现正面临着严重的威胁。每灭绝一个物种，伴随着将有10～30个其他物种的灭绝。为了使我们的地球丰富多彩，我们有责任和义务保护生物多样性。

保护生物多样性的措施有很多种，如就地保护、迁地保护、建立基因库和构建保护多样性的法律体系等。为了保护生物多样性，1992年6月，在巴西里约热内卢举行的联合国环境与发展大会上，153个国家正式签署了《生物多样性公约》。公约规定：本公约的目标是促进保护并持续利用生物多样性，并促使公平合理地分享利用生物资源而产生惠益。大会还确定每年的12月29日为"保护生物多样性日"，确认生物多样性的保护是全人类共同关切的事业。

① 就地保护

就地保护就是为了保护生物多样性，把包含保护对象在内的一定面积的陆地或水体划分出来，进行保护和管理。就地保护是生物多样性保护中最为有效的一项措施，是拯救生物多样性的必要手段。

② 迁地保护

迁地保护是对就地保护的补充，是指为了保护生物多样性，把因生存条件不复存在、物种数量极少或难以找到配偶等而生存和繁衍受到严重威胁的物种迁出原地，移入动物园、植物园、水族馆和濒危动物繁殖中心，进行特殊的保护和管理。

③ 里约热内卢

里约热内卢州位于巴西东南部，北临圣灵州，西临米纳斯吉拉斯州，西南临圣保罗州。里约热内卢是仅次于圣保罗的巴西第二大城。里约热内卢沿海地势较平坦，内陆多为丘陵和山地，风景优美，每年吸引着大量游客到此观光，市境内的里约热内卢港是世界三大天然良港之一。

52 全球气候变暖

全球气候变暖是一种自然现象，导致这一现象发生的原因，除了地球本身正处于温暖期、地球公转轨迹的变动外，人为因素则占主导地位。人们对森林的肆意砍伐，为获取能量大量焚烧化石矿物产生的二氧化碳等多种温室气体不能及时、充分地被净化，累积于大气当中，这些温室气体就是导致全球气候变暖的罪魁祸首。

20世纪90年代以来，全球气温上升更为显著。1993年7月8日至11日，美国纽约市气温持续维持在38℃以上，一些年老体弱者相继死亡，急救中心的求救电话从原来的每天900个增加到上万个。1995年，全球陆地和海洋的平均表面温度比常年高出0.38℃。美国芝加哥气温创纪录地达到了41℃，至少造成54人死亡。而同年英国有750人因酷热而被夺去生命。

在全球气候变暖的同时，与气温升高有密切联系的海啸、台风、暴雨、酷热、干旱、洪水等极端气候变化事件的频率和强度不断增加，对农、林、牧、副、渔业生产带来不可估量的损失，给人类生存环境带来极大危害。

 台风

台风是热带气旋的一个类别。热带气旋按照其强度的不同，依次

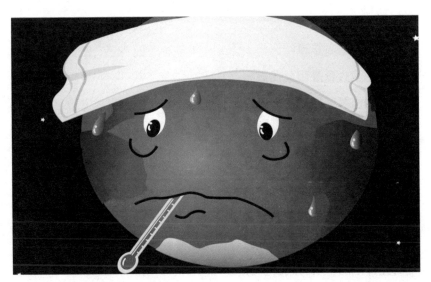

▲ 地球正在发烧

可分为六个等级：热带低压、热带风暴、强热带风暴、台风、强台风和超强台风。西北太平洋地区是世界上台风活动最频繁的地区，每年登陆中国的就有六七个。

② 温室气体

　　温室气体是破坏大气层与地面间红外线辐射正常关系，吸收地球反射的太阳辐射，阻止地球热量散失，使地球发生可感觉到的气温升高的气体，如水蒸气、二氧化碳、大部分制冷剂等。温室气体使地球变得更温暖的影响称为"温室效应"。

③ 气候变暖的影响

　　全球气候变暖对农作物的影响有利有弊。其一，全球气温变化直接影响全球的水循环，使某些地区出现旱灾或洪灾，导致农作物减产，且温度过高也不利于种子生长。其二，降水量增加，尤其在干旱地区会积极促进农作物生长。全球气候变暖伴随的二氧化碳含量升高也会促进农作物的光合作用，从而提高农作物产量。其三，温度的增加有利于高纬度地区喜湿热的农作物提高产量。

53 大气污染及防治

大气污染就是指大气中污染物或由它转化成的二次污染物的浓度达到了有害程度的现象。它主要表现为大气中的尘埃、二氧化碳、一氧化碳、氮氧化物、二氧化硫等可变组分含量的增加，超过了正常空气的允许范围，从而危及生物的正常生存。

据不完全统计，大气圈中有数百种大气污染物，主要可分为粉尘微粒、硫化物、氧化物及有机化合物等。粉尘微粒主要有碳粒、飞灰、硫酸钙、氧化锌、二氧化铅、砷、汞等金属微粒和非金属微粒。

▲ 大气污染

其中影响范围广、对人类环境威胁较大的有粉尘、二氧化硫、二氧化氮、一氧化碳、硫化氢等。

大气污染的来源有自然和人为两种。火山爆发、地震、森林火灾、海啸等产生的烟尘、有害气体、盐类等叫作自然污染源。人类的生产、生活活动产生的各种有害气体叫作人为污染源。

日益严重的大气污染不仅直接影响生物的生存，而且对天气和气候的影响也十分显著。防治空气污染，最直接的措施就是减少污染物的排放量，并改革能源结构，多采用无污染能源（如太阳能、风能等）。在控制污染物排放量的同时应充分利用大气自净能力，绿化造林，合理规划工业区，并加强对大气保护的宣传教育。

① 一氧化碳

一氧化碳是一种无色、无臭、无刺激性的气体，在水中的溶解度甚低，但易溶于氨水。一氧化碳具有毒性，进入人体之后会和血液中的血红蛋白结合，进而使血红蛋白不能与氧气结合，从而引起机体组织出现缺氧，导致人体窒息死亡。

② 粉尘

粉尘是指悬浮在空气中的固体微粒。大气中存在的粉尘可以保持地球温度，而且只有存在粉尘，水分才能凝结成水滴，最后形成降水。粉尘过多或过少都会对环境产生灾难性的影响。根据大气中粉尘微粒的大小可分为飘尘、降尘和总悬浮颗粒。

③ 地震

地震又称地动，是指地壳快速释放能量过程中造成震动，其间会产生地震波的一种自然现象。它就像海啸、龙卷风一样，是地球上经常发生的一种自然灾害。地震常常会造成严重的人员伤亡，能引起火灾、有毒气体泄漏及放射性物质扩散，还可能造成海啸、崩塌等次生灾害。

54 臭氧层破坏及防治

臭氧和氧气是同胞兄弟，都是氧元素的同素异形体。臭氧是一种浅蓝色、微具腥臭味的气体，温度在-119℃时，臭氧液化为深蓝色的液体，温度为-192.7℃时，臭氧固化为深紫色的晶体。臭氧具有不稳定性和强烈的氧化性，随着温度的升高，臭氧分子的不稳定性增加，分解加速。

自古以来，由于有臭氧层的保护，人们可以无忧无虑地享受阳光的温暖，不必顾虑紫外线的侵扰。然而，时光跨入近代，科学家们发现臭氧层中的臭氧在耗损，臭氧层在变薄。1985年英国科学家首先发现南极臭氧层已出现了一个大空洞。这一重大发现不仅震惊了科学界，也震动了全世界，人们开始忧虑紫外线的伤害了。

臭氧层破坏的后果很严重，对人体健康、动植物生长、水生生态系统、各种材料都有影响，并且影响着对流层大气组成和空气的质量。臭氧层空洞如今成为地球面临的九大危机之一，所以人们研究了一系列防治臭氧层空洞的措施，如改变城市能源结构，提高能源利用率，增加核能和可再生能源的使用比例，减少森林破坏等。

 晶体

晶体是内部质点在三维空间呈周期性重复排列的固体，它的分布非常广泛。自然界的固体物质中，绝大多数是晶体。它拥有整齐规则的几何外形，固定的熔点，且具备各向异性的特点。

② 紫外线

紫外线属于物理学光线的一种，自然界中的主要紫外线光源是太阳。紫外线在生活、医疗以及工农业生产中都有广泛应用。它能使照相底片感光，可用来制作诱杀害虫的黑光灯，能杀菌、消毒、治疗皮肤病等，而且还可以防伪。

③ 国际保护臭氧层日

1995年1月23日，联合国大会通过决议，确定从1995年开始，每年的9月16日为"国际保护臭氧层日"。联合国大会确立"国际保护臭氧层日"的目的是纪念1987年9月16日签署的《关于消耗臭氧层物质的蒙特利尔议定书》。

▲ 南极臭氧层已出现空洞

55 核污染

核污染主要指核物质泄漏后的遗留物对环境的破坏，包括原子尘埃、核辐射等本身引起的污染和这些物质污染环境后带来的次生污染，如被核物质污染的土壤、水源对动植物及人类的伤害。

核爆炸产生的放射性核素可以对周围产生很强的辐射，放射性沉降物还可以通过食物链进入人体。放射性物质在人体内达到一定剂量时就会产生有害作用，损害人体健康，使人产生头疼、食欲不振等症状。如果超剂量的放射性物质长期作用于人体，就会使人患上肿瘤、白血病等疾病，还会造成遗传障碍。

核武器实验、使用，核电站泄漏，工业或医疗上使用的核物质遗

▲ 核废料

失等都是核污染的来源。核爆炸产生的放射性物质不仅沉降在爆炸点附近，还能随风飘落到非常遥远的地方，而且它对环境的辐射污染时间相当长，几千年甚至上万年都不会消失。

为达到对核污染的防治，应严格控制能引起核污染的原料生产加工，使用核能源要确保其安全性，避免核战争，并通过立法限制核的使用和核原料的买卖，加快核能的科技研究，以更好地掌握和利用核能。

① 核电站

核电站是利用核裂变或核聚变反应所释放的能量产生电能的发电厂。以核反应堆代替火电站的锅炉，以核燃料在核反应堆中发生特殊形式的"燃烧"产生热量，使水变为蒸汽，然后蒸汽通过管路进入汽轮机，推动汽轮发电机发电，使机械能转变成电能。

② 核武器

核武器是利用能自持进行核裂变或聚变反应释放的能量产生爆炸作用，并具有大规模杀伤破坏效应的武器的总称，包括氢弹、原子弹、中子弹、三相弹、反物质弹等。目前，拥有核武器的国家有美国、俄罗斯、英国、印度、中国、法国、巴基斯坦等国。

③ 放射性物质

某些物质的原子核能发生衰变，放出人们看不见也感觉不到，只能用专门的仪器才能探测到的射线，物质的这种性质叫放射性。放射性物质是那些能自然地向外辐射能量、发出射线的物质，一般都是原子质量很高的金属，像钚、铀等。放射性物质放出的射线有三种，它们分别是α射线、β射线和γ射线。

56 噪声污染及防治

▲ 建筑噪声

噪声一般是指发声体做无规则振动时发出的声音。从环保的角度上来说，凡是影响人们正常的学习、生活、休息等的一切声音，都称之为噪声。当噪声对人及周围环境造成不良影响时，就形成噪声污染。

噪声污染与水污染、大气污染、固体废弃物污染被看成是世界范围内四个主要环境问题。噪声的来源很多，一般分为自然现象引起的噪声和人为造成的噪声两大类。自然噪声有火山爆发、地震、滑坡、雪崩等现象产生的巨大音响，还有大海潮汐声、风雷瀑布等发出的声音等。对人类生产生活影响更大的是人为噪声。人为噪声按其来源不同可分为交通噪声、社会生活噪声、建筑施工噪声和工业噪声四种。

噪声污染对人、动物、仪器仪表以及建筑物均会构成危害，其危害程度主要取决于噪声的频率、强度及暴露时间。防治噪声污染，首先可以通过降低声源噪声来控制，其次对于已产生的噪声，可在传播途径上加以降低。如果无法在声源和传播途径上采取措施，那么应该对受音者或受音器官进行必要的防护。

① 声波

声是以波的形式传播的，故叫作声波。声波借助各种介质（空气、水、金属、木头等）向四面八方传播。声波是一种纵波，是弹性介质中传播着的压力振动。但在固体中传播时，可以同时有纵波及横波。声音在真空中是不能传播的。

② 滑坡

滑坡又叫地滑，就是大量的岩体和土体在重力作用下，沿一定的滑动面作整体下滑的现象。滑坡是自然界中常见的灾害之一，它像地震、火山、泥石流等自然灾害一样，给人民的生命财产和国家建设事业带来了极大的危害。

③ 噪声的利用

虽然噪声是世界四大公害之一，但它还是有用处的。不同的植物对不同的噪声敏感程度不一样，根据这个道理，可制造出噪声除草器；噪声同美妙、悦耳的音乐一样可以治病，并且能抑制癌细胞的增长；噪声还可被利用为测量温度。

57 人口爆炸

科学家认为，农业出现以前，在以狩猎为生的方式下，全世界的人口只有500万～1000万。到了公元1世纪，根据当时罗马、中国和地中海地区断断续续的人口普查，估计世界人口已增长至3亿。1900年，全世界只有16亿人，而如今世界人口已达70亿。这样庞大的数字，这样快的增长速度，已导致我们所生活的地球不堪重负，环境问题日益突出，可利用资源急速减少，国家经济、社会发展缓慢，国际冲突频发。人口数量的激增又被称为人口爆炸。继各种环境、生态问题后，人口问题已晋升为威胁人类生活环境，甚至整个地球的世界性问题。

专家指出，如果人口保持现在的增长速度，到2050年将会增至89亿，增幅相当惊人。世界人口的迅猛增长，特别是一些经济不发达的国家人口过度增长，已影响了国家的经济发展、社会安定、人民生活水平的提高，甚至造成严重的环境问题。由于地球的空间和资源都有限，控制人口实为刻不容缓。

① 人口普查

人口普查是指在国家统一规定的时间内，按照统一的方法、统一的项目、统一的调查表和统一的标准时点，对全国人口普遍地、逐户逐人地进行的一次性调查登记。它是当今世界各国广泛采用的搜集人口资料的一种最基本的科学方法，是提供全国基本人口数据的主要来源。

▲ 人口爆炸

② 单身意识

　　单身意识的产生，一方面是由于不同个体对事物存在特有的认知，另一方面就是人类生存环境的窘迫造成现代人对人口爆炸的恐惧。

③ 人口成本

　　所谓人口成本，不仅包括养老、社会保障、环境污染等社会支出，实际上，它还涵盖了绝大部分的社会支出，例如交通、能源、水利等。这些社会支出都是围绕着人口而发生的，并且随着人口的增加而增加，也与生活水平有关。

58 人口断层

▲ 人口断层严重影响中国楼市

　　中国是人口大国，人口数量居世界第一位，过大的人口基数所产生的问题主要有：生态环境问题，表现在生态破坏、环境污染严重；劳动就业问题，劳动力与生产资料比例关系失调，导致经济发展缓慢或停滞，且出现人口失业或待业的现象，威胁着整个社会结构的稳定；老龄问题，表现在老年人口相对增多，在总人口中所占比例不断上升，给社会、政治、经济带来一系列影响，给社会发展带来很多压力。

　　为了缓解人口飞速增长的压力，中国做了很多努力。如今，人口增长速度虽然降低了，但仍存在许多隐患，其中之一就是计划生育导致的人口断层现象。计划生育政策实施以来，人口出生率产生了大幅度波动，这一波动产生的后果之一就是人口年龄分布的不均衡。中国人口年龄结构图显示，自2003年以来，20～39岁年龄组的人口数量不断减少。由于这个年龄层的人正是社会最坚实的劳动力和社会购买力，所以这一人口断层现象的出现致使社会、经济也受到相应影响。

这些影响体现在社会发展进程放缓，消费购买力下降，部分商品呈现出供过于求的状态。例如，目前人们都很关心的房地产市场，由于25～39岁之间的人口是最主要的购房群体，在几年之后或者十几年之后，这部分购房群体绝对数量的下降对房地产市场将产生直接影响。

① 待业

待业是指青年接受完教育后却没找到工作，等待工作机会的行为。高等教育的迅猛发展致使高等教育大众化时代来临，大学毕业生数量急剧增长。然而，在这种人多工作少的强竞争环境下，每一个毕业生都具有很大的压力，这种压力若是不能及时排解，就有可能阻碍个人甚至社会的发展。

② 计划生育

计划生育是中国的一项基本国策，自制定以来，对中国的人口问题和发展问题产生的积极作用不可忽视。其主要内容是：提倡晚婚、晚育，少生、优生，从而有计划地控制人口。但计划生育一味地只控制人口数量，忽略世代更替，造成了严重的老龄化问题。

③ 性别比例失调

性别比例失调是中国人口的又一大问题。正常情况下，男女性别比应该保持在（103：100）～（107：100）之间，但2000年第五次人口普查为116.9：100，个别省份高达138：100。新进入婚育年龄的人口，男性明显多于女性，低收入及农村低素质者结婚很困难。

59 生态旅游

生态旅游是指以可持续发展为理念，以保护生态环境为前提，以统筹人与自然和谐发展为准则，依托良好的自然生态环境和独特的人文生态系统开展的生态体验、生态教育、生态认知并获得身心愉悦的旅游方式。

在参加生态旅游的过程中，有人会亲身感受到生态环境面临的各种危机，比如辽阔碧绿的草原出现了片片黄斑，湛蓝的天空中飘浮着大朵大朵的灰云，清澈的小河变成了垃圾漂动的臭水沟……于是旅游者就会从人类的生产高度来关注环境保护问题，反省人与自然的关系，以一种新的心态和角度与自然交流。

生态旅游是在一定自然地域中进行的有责任的旅游行为，为了享受和欣赏历史的和现存的自然文化景观，这种行为应该在不干扰自然地域、保护生态环境、降低旅游的负面影响和为当地人提供有益的社会和经济活动的情况下进行。

中美洲国家哥斯达黎加生态旅游的做法值得借鉴。该国是一个热带雨林资源丰富的国家，仅热带鸟类就有500多种。过去，游人在向导的带领下，穿越密林，不仅破坏了生态环境，而且也很危险。现在，哥斯达黎加人开发了一种生态旅游方式：在雨林中建起空中缆车，缆车离地面约10米，可上升到17层楼高。具有观光价值的热带雨林和雨林中的动物、植物大部分在雨林的上部，游人坐在缆车里就可以一览无余，无须再穿越密林。这样既方便了游人，又保护了雨林生态。

① 云

云是指悬浮在空中，不接触地面，肉眼可见的水滴、冰晶或二者的混合体，是地球上庞大的水循环的有形结果。云按成因可分为锋面云、地形云、平流云、对流云和气旋云；按形态可分为积云、层云和卷云。

② 缆车

缆车是由驱动机带动钢丝绳，牵引车厢沿着铺设在地表并有一定坡度的轨道运行，用以提升或下放人员和货物的运输机械。缆车选择线路时应避免坡道起伏变化过大，这样可以节省基本建设费用。

③ 哥斯达黎加

哥斯达黎加北邻尼加拉瓜，南与巴拿马接壤，是世界上第一个不设军队的国家。哥斯达黎加一年只有两个季节，4月到12月为冬季，降雨多，12月底到第二年4月为干季，也称夏季。自20世纪90年代以来，旅游业已成为该国最有活力的产业。

▲ 缆车的设置保护了原始生态

60 实施可持**续发展**

▲ 人与自然要和谐共处

可持续发展是一种注重长远发展的经济增长模式，最初于1972年提出，指既满足当代人的需求，又不损害后代人满足其需求的能力，是科学发展观的基本要求之一。1997年，中共十五大把可持续发展战略确定为中国现代化建设中必须实施的战略。

可持续发展的核心是发展，但要求在严格控制人口、提高人口素质和保护环境、资源永续利用的前提下促进经济和社会的发展。发展是可持续发展的前提，人是可持续发展的中心体，环境保护是可持续发展的重要方面，可持续长久的发展才是真正的发展。

可持续发展本着公平性原则、可持续性原则、和谐性原则、需求性原则、高效性原则以及阶跃性原则，主要包括社会可持续发展、生态可持续发展和经济可持续发展，既要达到发展经济的目的，又要保护好人类赖以生存的大气、淡水、海洋、土地和森林等自然资源和环境，使子孙后代能够永续发展和安居乐业。

① 科学发展观

科学发展观是胡锦涛在2003年的讲话中提出的"坚持以人为本，树立全面、协调、可持续的发展观，促进经济社会和人的全面发展"，按照"统筹城乡发展、统筹区域发展、统筹经济社会发展、统筹人与自然和谐发展、统筹国内发展和对外开放"的要求推进各项事业的改革和发展的一种方法论，也是中国共产党的重大战略思想。

② 和谐发展

和谐发展就是根据社会—生态系统的特性和演替动力，遵照自然法则和社会发展规律，利用现代科学技术和系统自身控制规律，合理分配资源，积极协调社会关系和生态关系，实现生物圈的稳定和繁荣。

③ 环境保护

环境保护是指人类为解决潜在或现实的环境问题，协调人与环境的关系，保障经济社会的持续发展而采取的各种行动的总称，包括对自然环境的保护、对地球生物的保护和对人类生活环境的保护等。环境保护最根本的手段是加强对环保意识的宣传教育。